Felicitas Anna Ottilie Neumann

Sind Savants die Zukunft der menschlichen Evolution? Eine neurobiologische Betrachtung des Savant-Syndroms

GRIN Verlag

Bibliografische Information der Deutschen Nationalbibliothek:

Die Deutsche Bibliothek verzeichnet diese Publikation in der Deutschen National-
bibliografie; detaillierte bibliografische Daten sind im Internet über http://dnb.d-
nb.de/ abrufbar.

Impressum:

Copyright © 2015 GRIN Verlag GmbH
Druck und Bindung: Books on Demand GmbH, Norderstedt Germany
ISBN: 978-3-656-92842-3

GRIN - Your knowledge has value

Der GRIN Verlag publiziert seit 1998 wissenschaftliche Arbeiten von Studenten, Hochschullehrern und anderen Akademikern als eBook und gedrucktes Buch. Die Verlagswebsite www.grin.com ist die ideale Plattform zur Veröffentlichung von Hausarbeiten, Abschlussarbeiten, wissenschaftlichen Aufsätzen, Dissertationen und Fachbüchern.

Sind Savants die Zukunft

der menschlichen Evolution?

Eine neurobiologische Betrachtung des Savant-Syndroms

Besondere Lernleistung im Fach Biologie
erstellt von Felicitas Anna Ottilie Neumann

Evangelische Schule Berlin Zentrum
Schuljahr 2014/2015

Berlin, am 09. Februar 2015

Inhalt

1   Einleitung

Unter dem Gesichtspunkt der heutigen Gesellschaftsstruktur, die auf Leistung und Karriere basiert, fällt ein kleiner Teil der Bevölkerung mit verblüffenden Fähigkeiten auf – die Savants.

Savants bringen sich über Nacht Klavierspielen bei, sprechen 20 Sprachen oder kennen den Inhalt von 12.000 Büchern auswendig.[1]

Um ihre Fähigkeiten werden Savants beneidet, denn es scheint, als habe man mit diesen bessere Voraussetzungen, um in dieser Gesellschaftsstruktur Erfolg zu haben. Erst auf den zweiten Blick werden auch die mit den Fähigkeiten der Savants einhergehenden Defizite wahrgenommen.

In Anbetracht der Entwicklung von Gesellschaft und Gentechnik frage ich mich, ob Savants die Zukunft der menschlichen Evolution sind.

Die Forschung über Savants ist verhältnismäßig jung und deshalb noch nicht sehr umfangreich. Mittelpunkt der Forschung ist weniger die Enwicklung passender Hilfestellungen für Savants, sondern mehr das Ziel, das menschliche Gehirn besser zu verstehen. So ist es nicht überraschend, dass unter den wichtigsten Auftraggebern dieser Forschung Organisationen wie die NASA sind. Die meisten Publikationen, die als Quellen für diese Arbeit fungieren, sind deshalb in englischer Sprache verfasst und auf viele hat man gar nicht oder nur gegen Bezahlung Zugriff.

Es existiert kein umfassendes deutsches Werk über das Savant-Syndrom, vor allem keines aus neurobiologischer Perspektive. Die meisten gehen vom psychologischen Standpunkt aus, was meiner Meinung nach nicht die ideale Herangehensweise an dieses Syndrom ist. In dieser Arbeit werde ich zunächst eine Definition des Savant-Syndroms aufstellen und versuchen, die wichtigsten neurobiologischen Erkenntnisse darüber zusammenzutragen, ehe ich mich der Beantwortung meiner Forscherfrage widme.

Diese Arbeit soll als Anstoß für weitere fachlich fundiertere deutsche Ausarbeitungen über das Savant-Syndrom dienen.

2   Beschreibung und Definition des Savant-Syndroms

Der Begriff „Savant-Syndrom" wird im Deutschen im Allgemeinen synonym mit dem Begriff „Inselbegabung" verwendet.

Bisher gibt es aus meiner Sicht keine allgemeingültige Definition für das Savant-Syndrom; die Gründe hierfür sind in Kapitel 4 beschrieben. Nachfolgend gehe ich näher darauf ein, wie der Begriff „Inselbegabung" im Kontext des Savant-Syndroms in dieser Arbeit verstanden wird.

Der Begriff der Begabung ist in Psychologie und Erziehungswissenschaft stark umstritten; in dieser Arbeit wird von der Definition des Begriffs „Begabung" als das Vorliegen einer besonderen Fähigkeit ausgegangen.

---

[1] Vorwerk-Gundermann, Liane: Genial und doch geistig behindert.
http://www.focus.de/gesundheit/ratgeber/gehirn/tid-12850/inselbegabung-genial-und-doch-geistig-behindert_aid_355173.html (Stand: 01.01.15).

Umgangssprachlich wird der Begriff „Inselbegabung" auf Menschen mit speziellen außergewöhnlichen Fähigkeiten in einem kleinen Teilbereich („Insel") angewendet.

Die Bezeichnung „Syndrom" wird in der Medizin für ein Krankheitsbild verwendet, bei dem
verschiedene charakteristische Symptome zusammen auftreten.[2] „Savant-Syndrom" beschreibt
dabei das gleichzeitige Auftreten einer Inselbegabung mit einer oder mehreren kognitiven Beeinträchtigungen. Mit einer kognitiven Beeinträchtigung ist die zum Teil erhebliche Einschrän-
kung von Wahrnehmung, Aufmerksamkeit, Orientierung, Imagination, Introspektion und anderen kognitiven Fähigkeiten gemeint.

Die Inselbegabung kann angeboren oder erworben sein, aber auch verloren gehen. Einer der
führenden Forscher auf dem Gebiet des Savant-Syndroms, Darold A. Treffert, beschreibt das
Syndrom daher weniger als eine Krankheit oder Störung, sondern mehr als einen Zustand bzw.
als ein dauerhaftes Phänomen.[3]

Bereits 1789 veröffentlichte Benjamin Rush die erste Beschreibung des Savant-Syndroms in der
wissenschaftlichen Literatur. Der englische Neurologe J. Langdon Down erörterte 1887 das
Phänomen ausführlicher. Er berichtete über zehn Inselbegabte und gab ihnen den Namen „idiot
savant". Bei dieser Bezeichnung handelt es sich um eine Kombination aus der damals medizi-
nisch akzeptierten Klassifikation des „Idioten" als einen Menschen mit einem niedrigen Intelli-
genzquotienten und „savoir", dem französischen Wort für „wissen" („idiot savant" könnte mit
„schwachsinniger Wissender" übersetzt werden). Diese Bezeichnung beschreibt die von Down
bei diesen Menschen gefundene aus seiner Sicht bemerkenswerte „Koexistenz fehlender und
überragender Fähigkeiten"[4]. Heutzutage wird nur noch das Wort „Savant" benutzt und man
spricht vom „Savant-Syndrom", was mit „Wissendensyndrom" übersetzt werden könnte: Die
Savants sind „die Wissenden".

In seinem Werk „Extraordinary People: Understanding Savant Syndrome" unterscheidet Darold
Treffert zwei Arten von Savants. Er nennt diese *talented savants* („talentierte Savants") und
prodigious savants („Wunderkinder").

Die *talented savants* sind jene Savants, deren Inselbegabung höchstens durchschnittliche Leistungen in einem Teilbereich ermöglicht, die aber in Anbetracht ihrer Beeinträchtigungen bemerkenswert sind. Die *prodigious savants* verfügen über Fähigkeiten, die auch für nicht beein-
trächtigte Menschen bemerkenswert wären. Der Intelligenzquotient von Savants liegt meist
unter 70.[5]

Laut Darold A. Treffert ist eine weitere Unterteilung wichtig: Er unterteilt zusätzlich in „congenital and present at birth" und „acquired and developed" Savants. Die Savants, die als „congeni-

---

[2] Vgl. Dorsch, Friedrich / Häcker, Hartmut / Stapf, Kurt: Dorsch Psychologisches Wörterbuch. 11. ergänzte Auflage,
Deutschland 1987.

[3] Vgl. Treffert, Darold A.: Extraordinary People. Understanding Savant Syndrome, Lincoln 2000.

[4] Vgl. Treffert, Darold A. /Wallace, Gregory L.: Inselbegabung. In: Spektrum der Wissenschaft, September 2002, S.
44.

[5] Vgl. Miller, L. K.: Defining the savant syndrome. In: Journal of Developmental and Physical Disabilities, 1998,
S.73-85.

tal and present at birth" bezeichnet werden, wurden als Savants geboren, während die als „acquired and developed" bezeichneten Savants erst im Laufe ihres Lebens – beispielsweise durch einen Unfall – zu Savants wurden.

Die Inselbegabungen können sich von Fall zu Fall unterscheiden (sowohl in der Art als auch in der Ausprägung der Begabung). In der Fachliteratur und deshalb auch im Folgenden dieser Arbeit wird von *savant skills* statt „Inselbegabung" gesprochen.

Bei der Mehrheit der Savants werden diese *skills* primär von der rechten Hemisphäre gesteuert. *Skills* wurden bisher nur im musikalischen, rechnerischen, künstlerischen, sprachlichen und visuellen Bereich beobachtet. Sie spiegeln sich aber vor allem in einem außergewöhnlichen Erinnerungsvermögen wider. Einige wenige Savants besitzen in mehreren Bereichen *skills*; die Mehrzahl weist lediglich einen auf. Eine wichtige Charakteristik der s*avant skills* ist, dass lediglich die motorische Seite des jeweiligen *skills* durch Übung erweitert werden kann. Die jeweiligen *savant skills* werden stark von den persönlichen Interessengebieten der Betroffenen beeinflusst.

Es gibt knapp 100 bekannte *prodigious savants*, aber wesentlich mehr *talented savants*, wobei es wahrscheinlich in beiden Fällen eine hohe Dunkelziffer gibt.[6] Studien haben gezeigt, dass die Wahrscheinlichkeit, dass ein kognitiv eingeschränkter Mensch das Savant-Syndrom zeigt, bei 1: 2.000 liegt.[7] 9,8 % aller Autisten sind Savants, wobei Schätzungen zufolge ungefähr die Hälfte aller Savants Autisten sind („*autistic savants*").[8] Unter *Autismus* versteht man ein Spektrum tiefgreifender neuronaler Entwicklungsstörungen (man unterscheidet in *frühkindlichen* und a*typischen Autismus* sowie in *Asperger-Syndrom*.), die sich auf die sprachlichen Fähigkeiten und auf die Fähigkeiten, soziale Kontakte zu knüpfen, auswirkt und häufig zu zwanghaftem Verhalten führt. Die Hälfte der Savants leidet an anderen kognitiven Beeinträchtigungen.[9]

3 Fallbeispiele

Um einen besseren Einblick in die Thematik der „Savants" zu geben, möchte ich einige Fallbeispiele geben.

3.1 „Congenital and present at birth"-Savants

3.1.1 Henning Breuß

In mehreren persönlichen Gesprächen schilderte Henning Breuß [*Name geändert, der Autorin bekannt*], nach Trefferts Einteilung ein *autistic talented savant*, mir seine Geschichte:

> Mein Leben war kein Zuckerschlecken. Jeder der keinen Autismus hat, kann sich glücklich schätzen. Da haben auch die Inselbegabungen nichts, wofür es sich lohnt zu leben.

---

[6] Vgl. Treffert, Darold A.: Extraordinary People. Understanding Savant Syndrome, Lincoln, Nebraska 2000.
[7] Vgl. Hill, A. Lewis: Idiot Savants: Rate of incidence. In: Perceptual and Motor Skills, 44/1977, S. 161–162.
[8] Vgl. Rimland, B.: Savant capabilities of autistic children and their cognitive implications. In: The Excerptional Brain S.44–63 New York.
[9] Vgl. Steinhausen, Hans-Christoph: Psychische Störungen bei Kindern und Jugendlichen. München 2002.

Ich hatte die ersten Anzeichen mit eins bis drei Jahren, als ich nicht mit den anderen Kindern gespielt habe. Ich wurde ärztlich falsch behandelt, weil eine weitere Krankheit [*Anmerkung der Autorin*: Breuß leidet zusätzlich unter *schizophrenen Psychosen.*] nicht entdeckt wurde und ich zu viele Medikamente wie Ritalin nehmen musste, die das Problem weiter verschlimmerten. Weil mein Vater mit der Krankheit von mir nicht leben wollte, hat er über zehn Jahre meiner Mutter vor Gericht die Hölle heiß gemacht und sich von ihr getrennt. Es gab oft Streit. Meine Mutter habe ich bis ans Limit belastet [*Anmerkung der Autorin*: Hauptsächlich kam diese Belastung durch die unentdeckten Psychosen zustande.], bis es dann besser wurde [*Anmerkung der Autorin*: Die Verbesserung kam durch Diagnostizierung und medikamentöse Behandlung der Psychosen zustande.]. Deswegen wurde ich zu Dutzenden Psychiatern geschickt. Es wurde alle paar Monate neu diagnostiziert für das Gericht. Meine ersten Inselbegabungen zeigten sich so etwa mit drei bis vier Jahren, als ich begann, mich für Astronomie zu interessieren. Es war wie eine Sucht. Ich habe alles in mich reingefressen und mit einmal Lesen wusste ich alles und ich hatte den Drang, immer mehr zu erfahren. [*Anmerkung der Autorin*: Breuß besitzt ein eidetisches Gedächtnis (Kapitel 4.3.1), er kann beispielsweise sehr detailgetreu Gebäude (ab-)zeichnen.] Mein Leben war eine Achterbahnfahrt. Der Autismus hat mich wegen meiner Isolation, die ich bis ich 15 war hatte, zu schlimmen Dingen hingezogen, die ich jedoch nicht weiter beschreiben möchte. Ich habe erst mit zunehmendem Alter begonnen, mich zu integrieren. Mittlerweile habe ich nur noch wenige Probleme. Auch dank meines jetzigen Medikamentes.[10]

Breuß macht momentan per Fernschule sein Abitur, da der Schulalltag für ihn zu viele Probleme birgt. Er hat sich zu einem aufgeschlosseneren Menschen entwickelt, der den Kontakt zu seinen Mitmenschen sucht und so wie viele Gleichaltrige oft auf Partys anzutreffen ist.

3.1.2 Kim Peek

Der bekannteste Savant ist wohl Kim Peek. Er wurde von Darold A. Treffert persönlich als *prodigious savant* diagnostiziert, dessen *savant skills* schon angeboren bzw. „congenital and present at birth" waren.

Peek kam mit einem überdimensionalen Kopf zur Welt; MRT-Aufnahmen zeigten, dass sein Gehirn mehrere Anomalien aufwies. Ihm fehlten der *Balken*, der normalerweise beide Hemisphären miteinander verbindet, und die *Querbahn*, die die Temporallappen verbindet, und er wies ein stark beschädigtes *Kleinhirn* auf. Nach dieser Diagnose rieten die Ärzte Peeks Eltern, ihn in ein Heim für geistig behinderte Kinder zu geben. Peeks Eltern zogen ihn dennoch selbst auf.

Die ersten *skills* zeigte Peek im Alter von 16–20 Monaten. Peek konnte sich an jedes Buch, das ihm vorgelesen worden war, wortwörtlich erinnern. Die Eltern hatten beim Vorlesen Kims Finger von Zeile zu Zeile mitgeführt. So konnte er mit den Augen die zu lesenden Zeilen mitverfolgen und sich die Buchstabenbilder der einzelnen Wörter einprägen – im Alter von drei Jahren begann Peek, Wörter wiederzugeben, die ihm schriftlich vorlagen, was seine Eltern zu der falschen Annahme verleitete, er könne lesen. Er zeigte also die Symptome einer *Hyperlexie* („Lesen ohne Verstehen").

Peek überstrich mit beiden Augen gleichzeitig jeweils eine Seite eines Buches in ungefähr acht Sekunden. Seine Wiedergaberichtigkeit lag bei Erinnerungstests gleich, nachdem er eine

---

[10] Auszug aus persönlichem Gespräch mit der Autorin.

Seite gelesen hatte, bei 98 %.[11] Im Laufe seines Lebens hatte er sich schätzungsweise 12.000 Bücher eingeprägt.

Aufgrund der Anomalien seines Kleinhirns konnte Peek bis zu seinem vierten Lebensjahr nicht laufen. Das aufrechte Gehen hat er bis zu seinem Lebensende nicht erlernen können; er lief immer zu einer Seite geneigt.[12] Ebenfalls in seinem vierten Lebensjahr zeigte er eine Faszination für Zahlen, das Rechnen und das Lesen von Telefonbüchern: Er genoss es beispielsweise, Zahlen von Autokennzeichen zusammenzurechnen.

Nach Angaben von Peeks Vater zeigte Peek nie autistisches Verhalten. Das ermöglichte es ihm, ab seinem 18. Lebensjahr in einem Tagesheim für Erwachsene mit Behinderungen zu arbeiten: Ohne die Hilfe von Taschenrechnern schrieb er die Lohngehälter auf.

Peek war die Inspiration für die Hauptfigur des Films „Rainman" aus dem Jahr 1988. Seit dem Oscargewinn für Rainman bis zu seinem Tod im Alter von 58 Jahren reisten er und sein Vater als Botschafter für Menschen mit kognitiven Behinderungen durch ganz Amerika.

3.2   „acquired and developed" Savants

3.2.1   Jason Padgett

Jason Padgett wurde während einer Kneipentour überfallen. Dabei wurde immer wieder auf seinen Hinterkopf eingeschlagen und -getreten. Im Krankenhaus diagnostizierte man später eine schwere Gehirnerschütterung.

Seitdem malte Padgett freihändig Muster, die in der Mathematik Fraktale genannt werden. Für seine Bilder hat er mittlerweile sogar Kunstpreise gewonnen. Nachdem er sich vor dem Überfall nicht für Naturwissenschaften interessiert hatte, begeisterten ihn jetzt Geometrie, Mathematik und Physik und er verstand auf einmal beispielsweise Albert Einsteins Relativitätstheorie. Seit der Schlägerei berichtet Padgett von zwagsneurotischem Verhalten wie ständigem Händewaschen oder dem seltenen Verlassen seines Hauses aus Angst vor Krankheiten. Auch grelles Licht bereite ihm Unbehagen. [13]

Bei Untersuchungen fand man keine großartigen Anomalien seines Gehirns – deshalb vermute ich, dass Padgetts Wahrnehmungen synästhetischer Natur sind (weitere Ausführung zu Synästhesie sind in Kapitel 4.3.2 zu finden).

3.2.2   Daniel Tammet

Daniel Tammet wurde am 31. Januar 1979 als erstes von neun Kindern in London geboren. Tammet war als Kind schwer verhaltensauffällig, ohne motorische oder sprachliche Entwick-

---

[11] Vgl. Hughes, J. R.: A Review Of Savant Syndrome And Its Possible Relationship To Epilepsy. In: Epilepsy & Behavior Vol.17/2010, S.147–52.

[12] Vgl. Treffert, Darold A.: Kim Peek – The Real Rain Man
https://www.wisconsinmedicalsociety.org/professional/savant-syndrome/profiles-and-videos/profiles/kim-peek-the-real-rain-man/ (Stand: 05.12.2014).

[13] Vgl. Padgett, Jason / Seaberg, Maureen: Struck by Genius: How a Brain Injury Made Me a Mathematical Marvel, Boston 2014.

lungsverzögerungen zu zeigen: Mit knapp 13 Monaten konnte Tammet laufen und erste Wörter sprechen, aber geringe Routineabweichungen führten zu Wutanfällen mit selbstverletzendem Verhalten. Er suchte keinen Kontakt zu anderen Kindern.

Mit vier Jahren erlitt Tammet einen epileptischen Anfall. Seither, so berichtet Tammet in seinem Buch „Elf ist freundlich und fünf ist laut", begeistert er sich für Zahlen und nimmt diese synästhetisch wahr. Er kann innerhalb von einer Woche eine Sprache auf Muttersprachenniveau lernen.

Im Alter von 25 Jahren wurde bei ihm das Asperger-Syndrom diagnostiziert.

Da Daniel Tammet zwar erst nach seinem epileptischen Anfall *savant skills* entwickelte und schon im Vorfeld autistisches Verhalten gezeigt hatte, ist die Einteilung in „acquired and developed" Savant oder „congenital and present at birth" Savant nicht eindeutig. Tammets Autismus war vermutlich Auslöser des epileptischen Anfalls, der wiederum die synästhetische Wahrnehmung verursachte.

4   Ätiopathogenetische Hypothesen zum Savant-Syndrom

Zum Verständnis des Savant-Syndroms wurden in der Vergangenheit vielfältige – im Wesentlichen auf Fallstudien basierende – Erklärungsansätze vorgestellt. Obwohl diese Ansätze individuell betrachtet ihre Berechtigung haben, liegt bisher „kein einheitliches Modell vor, das in der Lage wäre, die Vielfalt des Savant-Syndroms abzubilden."[14] Grund hierfür sind in erster Linie das Fehlen einer übereinstimmenden Klassifizierung und eine uneinheitliche Ätiologie des Syndroms bei den Betroffenen. Die geringe Prävalenz des Savant-Syndroms und der Facettenreichtum bekannter Fälle führen zu großen Schwierigkeiten bei der Rekrutierung von Teilnehmern für aussagekräftige Analysen; auf dem Gebiet der Klassifizierung des Savant-Syndroms ist noch nicht genug geforscht worden. Zudem sind nur wenige Savants zu einer adäquaten Selbstreflexion fähig.

Obwohl die Savants viele *skills*, wie etwa ein erstaunliches Gedächtnis, gemeinsam haben, unterscheiden sich diese enorm im Grad ihrer Ausprägung. Es steht jedoch fest, dass dem Savant-Syndrom kognitive Beeinträchtigungen zugrunde liegen (siehe Kapitel 2). Dort will ich mit meiner Betrachtung zur Ätiologie ansetzen.

4.1   Rechshemisphärische Kompensation

Über die Ursachen, die Entstehung oder die Entwicklung solcher kognitiven Beeinträchtigungen wird viel spekuliert. Da sich die meisten Fälle des Savant-Syndroms durch solche kognitiven Beeinträchtigungen auszeichnen, die durch *linkslaterale* Gehirnanomalien hervorgerufen werden, beziehen sich die geläufigsten Theorien zur Ätiologie des Savant-Syndroms auf eine Schädigung der linken Hemisphäre durch Schäden am *Frontal,-* oder *Temporallappen*, teilweise

---

[14] Schinardi, Alessia: Fallbericht über ein 5-jähriges Kind mit Savant Syndrom (Autismus Savant) In: Swiss Archives of Neurology and psychiatry 165/2014 S. 25–30.

auch durch Schäden am *Balken*. Im Zuge dessen sind *savant skills*, vorrangig von *autistic savants*, meistens Funktionen der rechten Gehirnhälfte, während ihre am schlechtesten entwickelten Fähigkeiten die Funktionen der linken Gehirnhälfte betreffen.[15] Bei „congenital and present at birth" Savants werden diese kognitiven Beeinträchtigungen vermutlich vermehrt durch Entwicklungsstörungen hervorgerufen; auch genetische und neurochemische Faktoren werden vermutet.

Simon Baron-Cohen geht beispielsweise davon aus, dass solchen Schädigungen der linken Hemisphäre eine Testosteronvergiftung während der Embryonalentwicklung zugrunde liegen. Er beobachtete, dass sich die linke Hemisphäre im Embryonalzustand langsamer entwickelt als die rechte, wodurch sie länger für Testosteron angreifbar ist. Sind erhöhte Werte des Hormons im Mutterleib vorhanden, kann dies die linke Hemisphäre schädigen. Baron-Cohen konnte dies durch Messungen vor allem bei *Autisten* bestätigen, die allerdings nicht immer auch eine Inselbegabung hatten.[16]

Für diese Hypothese spricht, dass sechs von sieben Savants männlich sind, aber die Bestätigung von Baron-Cohens Hypothese durch aussagekräftige Studien ist wegen des o.g. Mangels an Teilnehmern schwierig.

Als Ursache für kognitive Beeinträchtigungen bei „acquired and developed" Savants wurden in der Regel Schlaganfälle, aufgetretene Erkrankungen bzw. durch Unfälle verursachte Verletzungen des zentralen Nervensystems beobachtet.

Da bei fast allen Savants eine Schädigung der linke Hemisphäre oder des Balkens beobachtet wurde, geht die gängigste Theorie (die Theorie von der rechtshemisphärischen Kompensation) davon aus, dass *savant skills* entstehen, weil die rechte Hemisphäre versucht, die Defizite der linken auszugleichen.

Viele Fälle von sehr jungen Patienten mit *unbeeinflussbarer Epilepsie* zeigen, wie flexibel und anpassungsfähig das Gehirn ist. Wird diesen Patienten die Hemisphäre operativ entfernt, die ihre Epilepsie verursacht, gelingt es der verbleibenden Gehirnhälfte mit einer hohen Erfolgsquote, die Funktionen der entfernten vollständig zu übernehmen. Dies ist allerdings so vollständig nur im Kleinkindalter möglich, da die Entwicklung des Gehirns zu diesem Zeitpunkt noch nicht zu weit fortgeschritten ist.[17]

Der Psychologe T. L. Brink beschrieb im Jahr 1980 einen ähnlichen Fall, der den Zusammenhang des „acquired and developed" Savant-Syndroms und der Theorie der *rechtshemisphärischen Kompensation* nachzeichnet: Ein neunjähriger Junge entwickelte – nach einer Schussverletzung der linken Hirnhälfte, die diesen taub und stumm machte und rechtsseitig lähmte – einen

---

[15] Vgl. Casanova, Manuel F.: Recent developments in autism research, New York 2005.
[16] Vgl. Baron-Cohen, Simon / Lutchmaya, Svetlana / Knickmeyer, Rebecca: Prenatal testosterone in mind, Cambridge 2004.
[17] Vgl. Borgstein, Johannes / Grootendorst, Caroline: Half a brain In: The Lancet, 9. Februar 2002, S.473.

bei Savants selten beobachteten mechanischen *skill*: Er konnte Fahrräder mit Gangschaltungen reparieren und machte technische Erfindungen.[18]

Weitere Fälle untersuchte Bruce L. Miller 1998 an Patienten mit *Frontotallappendemenz*. Parallel zum Auftreten und Fortschreiten ihrer Demenz waren diese in der Lage, akribisch genaue Kopien von Kunstwerken herzustellen, ohne zuvor auffällig genau oder gut zeichnen zu können. MRT-Untersuchungen dieser Patienten brachten vor allem linkshemisphärische Gehirnschäden hervor. Gleiches stellte Miller später bei weiteren Patienten fest, die nach dem Beginn ihrer Demenz musikalische und andere künstlerische Fähigkeiten entwickelt hatten.[19]

Welche neurobiologischen Prozesse eine solche *rechtshemisphärische Kompensation* wirklich ermöglichen, ist noch nicht geklärt. In MRT-Untersuchungen an Autismus-Patienten wurde 2004 eine Verminderung der Aktivität von langen Nervenfasern festgestellt.[20] Deshalb wird vermutet, dass sich als Kompensation verstärkt kurze Nervenfasern (*Dendriten*) ausbilden; dies wäre die Grundlage der *rechtshemisphärischen Kompensation* und damit der *skills*.[21]

Aufgrund der Lateralisation des Gehirns ist anschaulich nachzuvollziehen, dass die *rechtshemisphärische Kompensation* zu den Symptomen des Savant-Symptoms führen kann: Die allgemeine Leistung der linken Hemisphäre ist durch eine abstrakte, kategorisierende, analytische, rechnende und verbale Denkweise sowie durch ein punktuelles Einzelbewusstsein gekennzeichnet. Bei einer Schädigung der linken Hemisphäre versucht die rechte Hemisphäre – im Zuge der *rechtshemisphärischen Kompensation* – mit einer Nervenzellenvermehrung und einer Vermehrung der kurzstreckigen *Dendritenbildung* den Funktionsausfall der linken Hemisphäre auszugleichen. *Savant skills* sind durch ein synthetisches, bildhaftes Denken sowie eine übergeordnete Gesamtvorstellung bzw. ein „überindividuelles" Gesamtbewusstsein charakterisiert.[22] So liegt es nahe, dass nach einer Schädigung der linken Hemisphäre bei *rechtshemisphärischer Kompensation* Probleme wie die Sprache oder das Rechnen, die normalerweise ohne viel Aufwand mit den passenden Denkweisen von der linken Hemisphäre gelöst werden, in der rechten Hemisphäre auf synthetische, bildhafte Weise gelöst werden.

Dass so eine vielleicht effizientere Methode zur Lösung von linksspezifischen Problemen entsteht, wird bei Savants in deren *skills* sichtbar. Zudem gibt diese Erkenntnis einen Denkanstoß: So sind möglicherweise manche Fälle von Hochbegabung nicht primär durch einen überdurchschnittlich hohen IQ gekennzeichnet, sondern eher durch andere, kreativere Denkmuster bzw. Herangehensweisen an Probleme.

---

[18] Vgl. Treffert, Darold A. / Wallace, Gregory L.: Inselbegabungen In: Spektrum der Wissenschaft September 2002, S. 44.

[19] Vgl. Miller, B.L. et al.: Emergence of artistic talent in frontotemporal dementia In: Neurology 51/1998, S. 978–982.

[20] Vgl. Just, M. A.: Cortical activation and synchronization during sentence comprehension in high-functioning autism: evidence of underconnectivity. In: Brain. 127/2004, S. 1811–1821.

[21] Vgl. Hughes, J. R.: A Review Of Savant Syndrome And Its Possible Relationship To Epilepsy. In: Epilepsy & Behavior Vol.17/2010, S.147–52.

[22] Vgl. Rohen, Johannes W.: Funktionelle Neuroanatomie. Stuttgart 2001.

4.2 Automatisierte *savant skills*: *prozedurales Gedächtnis*

Aufgrund biologischer Grundmuster, die auf Effizienz beruhen, tendiert auch das Gehirn dazu, Aktionen unter möglichst wenig Energieaufwand zu bewerkstelligen. Prozesse, die scheinbar unbewusst ablaufen, sind dabei stoffwechselphysiologisch weniger aufwändig, daher laufen sie schneller ab. Im Gegensatz dazu laufen Prozesse, die bewusst ablaufen, langsamer ab, da sie einen vergleichsweise stark erhöhten Energiebedarf haben. Die scheinbar unbewussten Prozesse werden im *prozeduralen Gedächtnis*, bzw. im *impliziten* oder *nicht-deklarativen Verhaltensgedächtnis*, gespeichert. Es handelt sich um automatisierte Handlungsabläufe bzw. um Fertigkeiten, die ohne Nachdenken eingesetzt werden, vor allem motorische Abläufe wie Laufen, Schwimmen oder Radfahren: komplexe Bewegungen, deren Ablauf man gelernt und geübt hat. Wenn man das *prozedurale Gedächtnis* lokalisiert, so befinden sich dessen Inhalte neben Cortexarealen wie den *motorischen* und *präfrontalen* Gebieten, insbesondere im *Kleinhirn* und den *Basalganglien*.[23] Es besteht aus vielen im Nervensystem vorliegenden Einheiten, motorischen Programmen bzw. „Schemata", die bei einer in einem bestimmten Kontext gegebenen Reizsituation ein bestimmtes Verhalten auslösen.[24] Beim Radfahren verwendet man beispielsweise das Verhaltensgedächtnis; die meisten Radfahrer hätten Schwierigkeiten, zu erklären, wie sie sich im Sattel halten.[25]

Ein weiteres Modell für die Ätiologie des Savant-Syndroms stützt sich auf die Beobachtung, dass Savants beim Bewerkstelligen ihrer *skills* genau auf dieses *prozedurale Gedächtnis* zurückgreifen. Dafür spricht auch, dass viele Savants ebenfalls nicht erklären können, wie sie ihre *skills* bewerkstelligen. Der Psychologe Herman H. Spitz schließt daraus, dass Savants für ihre *skills* ihre *prozeduralen Gedächtnissysteme* nutzen.[26]

Mortimer Mishkin vom National Institute of Mental Health in Bethesda (Maryland) hat für das scheinbar grenzenlose Gedächtnis von Savants eine Hierarchie der neuronalen Instanzen des Gehirns vorgeschlagen. Danach wäre eine höhere Instanz zwischen der *Hirnrinde* und dem tiefer gelegenen limbischen System zuständig für das so genannte *semantische Gedächtnis*, das als Wissens- oder Faktenspeicher fungiert. Eine niedere Instanz zwischen *Hirnrinde* und einem als Streifenkörper bezeichneten *Gehirnkern* wäre das *prozedurale Gedächtnis*.[27]

Die Savants verlassen sich, aufgrund genau der schädigenden Faktoren, die ihre kognitive Beeinträchtigung hervorrufen, mehr auf das *prozedurale Gedächtnis* als auf das höhergestellte *semantische/deklarative Gedächtnis*.[28]

---

[23] Vgl. Wikipedia: Gedächtnis. http://de.wikipedia.org/wiki/Gedächtnis (Stand: 29.01.2015).
[24] Vgl. Stangl, Werner: prozedurales Gedächtnis – Definition. http://lexikon.stangl.eu/7415/prozedurales-gedaechtnis/ (Stand: 05.12.2014).
[25] Vgl. Doidge, Norman: Neustart im Kopf. Frankfurt, M. 2008.
[26] Vgl. Spitz, Herman H.: Calendar calculating idiots savants and the smart unconscious. In: New Ideas in Psychology 13/1995, S. 167–182.
[27] Vgl. Treffert, Darold A. / Wallace, Gregory L.: Inselbegabungen In: Spektrum der Wissenschaft September 2002, S. 44.
[28] Vgl. Treffert, Darold: Is There a Little 'Rain Man' in Each of Us?

All diese Theorien schließen sich meines Erachtens nach nicht aus: Die Kombination von Funktionen der rechten Hemisphäre, die im Zuge der *rechtshemisphärischen Kompensation* entstanden sein könnten, mit dem *prozeduralen Gedächtnis* könnte die *savant skills* ergeben.

4.3 Erklärungsmodelle für einzelne *savant skills*

Es existiert eine breitgefächerte Vielfalt an Savants mit den gleichen *savant skills* aber unterschiedlichen kognitiven Beeinträchtigungen.

Ich vermute, dass die Suche nach der Antwort, wie die Savants ihre *skills* bewerkstelligen, hilft, den Kontext des Savant-Syndroms besser zu erklären. Tabelle 1 (siehe Abbildungen und Tabellen) zeigt eine Übersicht über alle bekannten *savant skills* und wie sich diese äußern.

Einigen dieser *skills* liegen andere neurologische Abweichungen zugrunde, dem musikalischen *savant skill* beispielsweise ein Tonhöhengedächtnis oder eine Synästhesie.[29] Es wurde jedoch noch kein Faktor (*core savant skill*) identifiziert, der allen *savant skills* zugrunde liegt. Savants können weder durch Wiederholung noch durch Übung ihre *skills* verbessern (siehe Kapitel 2). Gerade wegen der Vielfalt der Erscheinungsformen haben die meisten ätiopathogenetischen Hypothesen und Theorien, die aus einzelnen Phänomenen abgeleitet wurden, nur einen begrenzten Aussagewert.[30]

4.3.1 Eidetisches Gedächtnis

Der Ausdruck „eidetisches Gedächtnis" beschreibt das hochpräzise bildhafte Vergegenwärtigen von Gesehenem und Erlebtem.[31]

Um das eidetische Gedächtnis zu verstehen, muss erklärt werden, wie Informationen aus den Sinnesorganen (Reize) im Gehirn zuerst gefiltert und wahrgenommen und dann als wieder abrufbare Information (Erinnerung) gespeichert werden.

Im Gehirn ist ausreichend Kapazität vorhanden, um im Laufe des Lebens alle jemals aus den Sinnesorganen kommenden Informationen abzuspeichern.[32] Allerdings sind diese in der Regel trotzdem nicht vollständig abrufbar, weil sie im Rahmen eines Komplexes von Filterprozessen je nach Priorität und Art der Informationen (*implizites* oder *explizites Wissen*) in verschiedenen Bereichen des Gehirns gelagert und unterschiedlich markiert werden, sodass nur diejenigen Erinnerungen abrufbar sind, die alltags- oder überlebensrelevant sind.

Nach dem etablierten Modell gelangen, nachdem die ankommenden Reize vorgefiltert werden, diese jetzt wahrgenommenen Informationen in drei separate Speichersysteme des Gedächtnis-

https://www.wisconsinmedicalsociety.org/professional/savant-syndrome/resources/articles/is-there-a-little-rain-man-in-each-of-us/ (Stand: 05.12.2014).

[29] Vgl. Snyder, A.: Explaining and inducing savant skills: privileged access to lower level, less-processed information. In: Philosophical Transactions of the Royal Society B: Biological Sciences. 364/2009 S. 1399–1405.

[30] Vgl. Bölte, Sven / Uhlig, Nora / Poustka, Fritz: Das Savant-Syndrom: Eine Übersicht. In: Zeitschrift für Klinische Psychologie und Psychotherapie. 31/2002, S. 291–297.

[31] Vgl. Hubmer, Stefan: Eidetisches Gedächtnis: Reif für die Insel. http://news.doccheck.com/de/249/eidetisches-gedachtnis-reif-fur-die-insel/ (Stand: 05.12.2014).

[32] Vgl. Azevedo, Frederico A. C. et al.: Equal numbers of neuronal and nonneuronal cells make the human brain an isometrically scaled-up primate brain. In: J. Comp. Neurol. 513/2009, S. 532–541.

ses: das *sensorische Gedächtnis*, das *Kurzzeitgedächtnis* und das *Langzeitgedächtnis*. Sie müssen zunächst das *sensorische Gedächtnis* und das *Kurzzeitgedächtnis* passieren, wo sie weiter gefiltert werden. Durch Wiederholung oder starke, z. B. emotionale, Verknüpfungen mit anderen Erinnerungen werden die beibehaltenen Informationen so markiert, dass sie in das passende Speicherareal des Langzeitgedächtnisses gelangen, wo sie schnell abgerufen werden können, wobei sich die Speicherareale des *impliziten Wissens* in den vermutlich evolutionsgeschichtlich älteren Teilen des Gehirns befinden; einen wichtigen Teil des *impliziten Gedächtnisses* stellt das *prozedurale Gedächtnis* dar (siehe Kapitel 4.2). Im Gegensatz dazu befinden sich die Speicherareale des expliziten Wissens im *Neocortex*. Der gesamte Komplex von Filterprozessen dient als Schutz des Gehirns vor Überlastung („Reizüberflutung").

Genau diese Filterprozesse machen das Lernen mühevoll. Könnte man sie passend manipulieren, könnte jeder so viel speichern und wieder abrufen wie er will.[33] Tatsächlich scheint es, als wäre der Komplex aus Filterprozessen bei Savants gestört.

Die daraus entstehenden Symptome könnten bei manchen Savants den *skill* erklären, dass sie überdurchschnittlich viel von den aus den Sinnesorganen kommenden Informationen ungefiltert speichern können.

Nach Oliver Sacks, Professor für Neurologie, ist das praktische Wissen von Menschen mit eidetischem Gedächtnis dementsprechend so gering ausgeprägt, dass einfachste Alltagstätigkeiten schwer fallen.[34] Sie haben eine extrem detailorientierte Wahrnehmung, die zu einer permanenten Reizüberflutung führt; eine Art der Wissensaufnahme ohne Kontextualisierung oder Verständnis.[35] In der Psychologie beschreibt man diese Symptomatik auch als *schwache zentrale Kohärenz*, die sich in einem Zurückfallen auf ein niedrigeres Denkniveau äußert. Die *schwache zentrale Kohärenz* wird bei *Schizophrenie-* und *Autismus*patienten auffällig häufig beobachtet.

Haber (1979) konnte Fähigkeiten, die einem eidetischen Gedächtnis ähneln, bei 2–15% der untersuchten amerikanischen Kinder ohne kognitive Beeinträchtigungen beobachten. Sie bildeten sich mit dem Erwachsenwerden der Kinder zurück.[36]

Laut Treffert kann über Savants und das eidetische Gedächtnis das Folgende gesagt werden:

1. Bei einigen Savants ist ein eidetisches Gedächtnis vorhanden.
2. Das eidetische Gedächtnis existiert jedoch nicht öfter bei Savants als bei anderen ähnlich retardierten Menschen.
3. Wenn ein eidetisches Gedächtnis, insbesondere bei Jugendlichen und Erwachsenen, vorliegt, so ist dieses meist ein Resultat von Hirnschäden oder Großhirn-Dysfunktionen.
4. Ein eidetisches Gedächtnis erklärt nicht zwangsläufig alle *savant skills*, da zum Beispiel blinde Savants nicht über ein eidetisches Gedächtnis verfügen können.

---

[33] Vgl. Hoppe, Ralf: Kreativität: Das gierige Gehirn. http://www.spiegel.de/spiegelspecial/a-273160-3.html (Stand: 05.12.2014).
[34] Vgl. Sacks, Oliver W.: Der Mann, der seine Frau mit einem Hut verwechselte. Reinbeck bei Hamburg 1987.
[35] Vgl. Hubmer, Stefan: Eidetisches Gedächtnis: Reif für die Insel. http://news.doccheck.com/de/249/eidetisches-gedachtnis-reif-fur-die-insel/ (Stand: 05.12.2014).
[36] Vgl. nach Thomas, Nigel J.T.: Mental Imagery: Other Quasi-Perceptual Phenomena (Stanford Encyclopedia of Philosophy). http://plato.stanford.edu/entries/mental-imagery/quasi-perceptual.html (Stand: 05.12.2014).

Da viele Savants, bei welchen das eidetische Gedächtnis beobachtet wird, Gehirn-Dysfunktionen aufweisen, ist ein eidetisches Gedächtnis eher ein biologischer Marker für eine Gehirn-Dysfunktion als
eine Erklärung für alle *savant skills (core Savant skill)*.[37]

4.3.2 Synästhesie

Synästhesie ist nach der heutigen Definition als ein seltenes *perzeptuelles* neurologisches Phänomen zu verstehen, bei der die Stimulation einer *Sinnesmodalität* automatisch zu einer bewuss-
ten zusätzlichen Wahrnehmung in der gleichen oder einer anderen *Sinnesmodalität* führt, die
nicht direkt stimuliert wird. Betroffener A sieht beispielsweise das Schriftbild der Zahl fünf
schwarz gedruckt („5") und nimmt gleichzeitig die Farbe Blau wahr (gleiche *Sinnesmodalität*).
Ein anderer Betroffener nimmt das gleiche Schriftbild als Vanillegeruch wahr (andere *Sinnesmodalität*).

Bisher spricht man von zwei verschiedenen Arten der Synästhesie. Bei der *genuinen Synästhesie*, der am meisten beobachteten Form der Synästhesie, ist die Wahrnehmung fest an einen
Reiz gekoppelt und bleibt ein Leben lang bestehen. Reiz und Wahrnehmung sind dabei nur in
eine Richtung gekoppelt (unidirektional): A nimmt nicht automatisch die schwarz gedruckte
Fünf wahr, sobald er etwas Blaues sieht. In der wissenschaftlichen Literatur wird die *genuine
Synästhesie* häufig als „Farbenhören" bezeichnet, eigentlich eine Unterform der *genuinen Synästhesie*, bei der gesprochene Wörter, Buchstaben, Zahlen, Stimmen oder Töne visuelle Eindrü-
cke wie Farben oder Figuren auslösen.

Bei der *metaphorischen Synästhesie* handelt es sich um ein weniger untersuchtes Phänomen.
Man geht davon aus, dass Gefühlszustände bei den Betroffenen synästhetische Wahrnehmungen
hervorrufen; ein Betroffener nimmt beispielsweise beim Gefühl Angst einen Zimtgeruch wahr.

Synästhesien können sowohl angeboren (häufiger) als auch erworben (seltener) sein. Man vermutet, dass nicht unmittelbar genetisch bedingten Synästhesien kognitive Beeinträchtigungen
zugrunde liegen, beispielsweise eine Gehirnschädigung. Ist meine Vermutung über Jason
Padgetts *skills* (siehe Kapitel 3.2.1) korrekt, ist er ein Beispiel für erworbene Synästhesien.

Eine Synästhesie kann bei Savants zu rechnerischen, künstlerischen, musikalischen, sprachlichen und visuellen *skills* führen. Diesen Savants kann es dann zum Beispiel im Vergleich zu
nicht betroffenen Menschen deutlich leichter fallen, eine neue Sprache oder ein Instrument zu
lernen, komplexe Formen zu abstrahieren, mit großen Zahlen zu rechnen oder Primzahlen
schnell zu identifizieren.

Es wird diskutiert, ob Synästhesien auch ein Tonhöhengedächtnis (ausführliche Erklärung in
Kapitel 4.3.3) hervorrufen können. In diesem Fall könnte eine gleichzeitige Wahrnehmung von
Tonhöhen mit Formen, Farben oder anderen Sinneswahrnehmungen die sofortige Zuordnung
von Tonhöhe und Tonbezeichnung bzw. Klaviertaste begünstigen.

---

[37] Vgl. Treffert, Darold A.: Extraordinary People. Understanding Savant Syndrome, Lincoln 2000.

Bisher hat man 60 verschiedene Kombinationsmöglichkeiten von Sinnen beobachten können. So berichten Synästhetiker davon, Farben zu hören, Töne oder Formen zu schmecken, oder Zahlen, Buchstaben, Wörter, Wochentage, Monate, Gefühle, Berührung farbig wahrnehmen zu können. Daniel Tammet (siehe Kapitel 3.2.2) ist bspw. ein farbhörender Synästhetiker. Gesprochene Worte, Zahlen und Buchstaben nimmt er als sich bewegende Farben oder Formen wahr, die auf sein geistiges Auge („innerer Monitor") projiziert werden[38]. Gerade diese Vielzahl an Kombinationsmöglichkeiten in der Wahrnehmung macht es schwer, Synästhesie eindeutig zu definieren und zu diagnostizieren. Dennoch existiert eine Präferenz synästhetischer Wahrnehmungen. So gibt es mehr farbhörende Synästhetiker als Synästhetiker, die Gerüche farbig wahrnehmen.

Was im Gehirn bei einer Synästhesie geschieht, ist zwar schon beobachtet und sogfältig dokumentiert worden, dennoch gibt es nur wenige Theorien über das genaue Entstehen von Synästhesien, wobei die angeborene Form besser erforscht ist als die erworbene.

Abbildung 1 (siehe Abbildungen und Tabellen) zeigt MRT-Aufnahmen des Gehirns eines Synästhetikers (rechts) im Vergleich mit dem eines Menschen ohne Synästhesie (links). Im Gehirn dieses Synästhetikers waren, als ihm das Schriftbild eines Worts vorlag, mehr Areale aktiv als im Gehirn des nicht von Synästhesie betroffenen Probanden, bei dem nur ein Areal aktiv war. Dass in Gehirnen von Synästhetikern bei der Verarbeitung von bestimmten Sinnesreizen mehr Areale aktiv sind als bei nicht betroffenen Menschen, haben viele weitere Untersuchungen gezeigt.

Diese gesteigerte lokale Gehirnaktivität ist auffällig, erklärt aber nicht, wie die verstärkten Sinnesverknüpfungen zustande kommen.

Richard Cytowic beobachtete bei Gehirnscans von Säuglingen, dass diese Säuglinge von Geburt an über Nervenverbindungen verfügen zwischen dem *sensorischen System*, das den auslösenden Reiz verarbeitet, und dem System, in dem ein zusätzlicher Sinneseindruck entsteht. Diese Nervenverbindungen bilden sich aber im Alter von circa drei Monaten zurück.[39] Diese *synästhetische Gehirnaktivität* erklärt sich dadurch, dass bei Säuglingen die *sensorischen Bereiche* im Gehirn noch nicht streng separiert sind. Im Alter von drei bis vier Monaten sind die Sinne dann in der Regel separiert.[40]

Spätere Forschungen dokumentieren, dass Synästhesie häufiger bei Kindern als bei Erwachsenen zu beobachten ist und dass Synästhetiker bei Umfragen den Beginn ihrer Synästhesie in ihrer frühen Kindheit verorten („seitdem ich denken kann"). Cytowic' Hypothese, dass allen Menschen Synästhesien angeboren sind, die sich im Laufe des Heranwachsens zurückbilden, und dass einige Menschen über Gene verfügen, die das Beibehalten dieser Synästhesie ermöglichen, wird so unterstützt.

---

[38] Vgl. Eggers, Jacqueline: Facharbeit: Synästhesie - ein neurobiologisches Phänomen 2005/2006.
[39] Vgl. Cytowic, Richard E. / Eagleman, David M. / Nabokov, Dmitri: Wednesday is Indigo Blue: Discovering the Brain of Synesthesia Cambridge, 2009.
[40] Ebd.

Ob die Separierung der Sinne bei Säuglingen auf den Abbau der Nervenverbindungen zurückzuführen ist, oder aber darauf, dass verbindende Signale durch übergeordnete Instanzen gehemmt werden, ist unklar. Bei einem Synästhetiker könnte beispielsweise eine *Gendisposition* das Einwachsen von Nervenverbindungen eines Gehirnareals in angrenzende Areale begünstigen.

Schon 1880 behauptete der Naturforscher Francis Galton, dass Synästhesien unter Verwandten häufiger auftreten.[41] Durch eine Studie am Trinity College in Dublin wurde dies 2008 bestätigt: Bei 42 Prozent aller synästhetischen Versuchsteilnehmer war mindestens eine weitere Person in der Familie bekannt, die ebenfalls eine Synästhesie aufwies, während angenommen wird, dass in der breiten Bevölkerung eine von 1150 erwachsenen Frauen und einer von 7150 erwachsenen Männern von Synästhesie betroffen sind.[42] Allerdings hatte erstaunlicherweise kaum ein ebenfalls betroffener Angehöriger die jeweils gleiche Variante der Synästhesie. Man resümierte, dass das Vorkommen von unterschiedlichen Synästhesien in der gleichen Familie darauf hin deute, dass alle Formen der Synästhesie sich nur eine einzige genetische *Disposition* teilen müssen.[43]

Bei Experimenten an Mäusen zur Entschlüsselung von an der Schmerzregulation beteiligten Genen beobachteten Forscher, dass Mäuse mit einer bestimmten *Mutation* auf dem α2δ3 Gen auf Schmerzreize mit der Aktivierung von *visuellen*, *akustischen*, oder *olfaktorischen* Gehirnarealen reagierten. Weil auch hier bei Sinnesreizen mehr Gehirnareale aktiv waren als bei Mäusen ohne die *Mutation*, wurde eine Verbindung zur Synästhesie beim Menschen gezogen.[44]

Der Neurologe Vilayanur S. Ramachandran machte bei einem Test mit einem *genuinen* Synsästhetiker eine weitere richtungsweisende Entdeckung: Er beobachtete, dass dieser einen schwarz gedruckten Buchstaben wie gewohnt farbig wahrnahm, solange er im zentralen Sehfeld der Testperson stand und um weniger als elf Grad nach außen versetzt war. Wanderte er jedoch weiter nach außen, nahm ihn der Proband als schwarz wahr. Tatsächlich vorhandene Farben werden von den meisten Menschen in diesem Blickwinkel noch erkannt. Ramachandran vermutete daraufhin, dass zwischen dem Gehirnareal V4, das Farbreize verarbeitet und zum Sehen im zentralen Gesichtsfeld beiträgt, und jenem Areal, das für die Verarbeitung von visuell wahrgenommenen Zeichen zuständig ist, bei Synästhetikern eine spezielle Verbindung vorhanden sein muss, über die nicht betroffene Menschen nicht verfügen (Abbildung 2 in Abbildungen und Tabellen zeigt, wo im menschlichen Gehirn diese Areale lokalisiert sind).[45, 46] Dies würde die veränderte Wahrnehmung von Synästhetikern erklären.

---

[41] Vgl. Galton, Francis: Visualised Numerals. In: Nature. 21/1880, S. 252–256.
[42] Vgl. Rich, A. N. / Bradshaw, J. L. / Mattingley, J. B.: A systematic, large-scale study of synaesthesia: implications for the role of early experience in lexical-colour associations. In: Cognition. 98/2005 , S. 53–84.
[43] Vgl. Barnett, Kylie J. et al.: Familial patterns and the origins of individual differences in synaesthesia. In: Cognition. 106/2008, S. 871–893.
[44] Vgl. Neely, G. Gregory et al.: A Genome-wide Drosophila Screen for Heat Nociception Identifies α2δ3 as an Evolutionarily Conserved Pain Gene. In: Cell. 143/2010 , S. 628–638.
[45] Vgl. Ramachandran, V. S. / Hubbard, E. M: Synaesthesia—A Window Into Perception, Thought and Language. In: Journal of Consciousness Studies. 8/2001, S. 3–34.
[46]Vgl. Podbregar, Nadja: Das Geheimnis des roten Dreiecks: Was passiert bei Synästheten im Gehirn? http://www.scinexx.de/dossier-detail-539-6.html (Stand: 08.12.2014).

Einer zweiten Theorie zufolge ist bei Synästhetikern die *Hemmung* der übergreifenden Nerven-signale zumindest in Teilen nicht intakt, so dass gleich mehrere *sensorische Areale* gleichzeitig aktiviert werden können. Für diese Theorie spricht die Beobachtung, dass halluzinogene Sub-stanzen synästhesieähnliche Effekte hervorrufen. Da diese Substanzen die Erregbarkeit der Ner-ven steigern, könnten sie so kurzzeitig die Hemmung außer Kraft setzen und die Halluzinatio-nen verursachen.[47] Bei einer erworbenen Synästhesie könnten wiederum Gehirnschäden, bei einer angeborenen Synästhesie genetische *Dispositionen* die *Hemmung* der übergreifenden Ner-vensignale außer Kraft gesetzt haben.

Bei Savants treten, wie bei Tammet und Padgett (siehe Kapitel 3.2), fast ausschließlich erwor-bene Synästhesien auf.

4.3.3 Tonhöhengedächtnis

Eine mögliche Erklärung für die sprachlichen und musikalischen *skills* von Savants ist das Vor-handensein eines Tonhöhengedächtnisses. Darunter versteht man die Fähigkeit, die Höhe eines beliebigen gehörten Tons zu bestimmen, d. h. ihn innerhalb eines Tonsystems exakt einzuord-nen, ohne dabei einen Bezugston zu hören. Darold Treffert zufolge kann das Tonhöhengedächt-nis am besten als ein unveränderliches Phänomen beschrieben werden, das dem Inhaber kein Bewusstsein darüber abverlangt. Es kann nicht abgestellt werden und nicht nach dem Ende der Kindheit erlernt werden.[48]

Neurologische Untersuchungen an Menschen mit Tonhöhengedächtnis, die keine Wahrneh-mungs- oder Entwicklungsstörungen aufwiesen, zeigten atypische Asymmetrien des *Planum temporale*, welches im Zentrum des *Wernicke-Areals* liegt. Beim *Planum temporale* handelt es sich um ein *neocortikales* Gebiet, das sich hinter der *primären Hörwindung* (der *Heschl'schen Querwindung*) befindet. Es befindet sich an der Oberseite des *Temporallappens*. Dem *Planum temporale* werden *assoziative akustische* Areale und das *Wernicke-Areal* funktional zugerech-net.[49] Bei diesen Menschen mit Tonhöhengedächtnis korrelierte im Vergleich mit der rechten Hemisphäre ein stark vergrößertes *Planum temporale* auf der linken Hemisphäre mit dem Vor-handensein eines Tonhöhengedächtnisses (siehe Abbildung 3 in Abbildungen und Tabellen). Bei Menschen ohne Tonhöhengedächtnis wird für die Identifikation von Tonhöhen auf Refe-renztöne zurückgegriffen, die in Bereichen des Kurzzeitgedächtnisses der rechten Hemisphäre gespeichert sind.[50]

So kann die perfekte Tonzuordnung bei Menschen ohne Wahrnehmungs- und Entwicklungsstö-rungen als eine zusätzliche Gehirnfunktion beschrieben werden.

---

[47] Vgl. Cytowic, Richard E. / Eagleman, David M. / Nabokov, Dmitri: Wednesday is Indigo Blue: Discovering the Brain of Synesthesia Cambridge, 2009.
[48] Vgl. Treffert, Darold: Perfect Pitch. https://www.wisconsinmedicalsociety.org/professional/savant- syn-drome/resources/articles/perfect-pitch/#q6 (Stand: 08.12.2014).
[49] Vgl. Galaburda, A. M.: The Planum Temporale. In: Archives of Neurology. 50/1993 S. 457–457.
[50] Vgl. Elmer, Stefan et al.: An Empirical Reevaluation of Absolute Pitch: Behavioral and Electrophysiological Measurements. In: Journal of Cognitive Neuroscience. 25/2013, S. 1736–1753.

In Experimenten von Saffran und Griepentrog stellte sich heraus, dass acht Monate alte Säuglinge ein Tonhöhengedächtnis haben[51], das ihnen das Erlernen der Sprache erleichtert. Dieses verwächst sich aber mit der Entwicklung.[52]

Diana Deutsch verglich in einer Studie die Hörfähigkeit von Mandarin sprechenden Mitgliedern des Pekinger Musikkonservatoriums mit der von Englisch sprechenden Studenten der amerikanischen Eastman School of Music in Rochester. Je nach dem Alter, in dem die Probanden mit dem Unterricht begonnen hatten, besaßen bis zu 60 Prozent der chinesischen Studenten ein Tonhöhengedächtnis, bei den amerikanischen waren es dagegen nur 14 Prozent. Sie führt dies darauf zurück, dass Mandarin eine Tonsprache ist, d. h. eine Sprache, in der Tonhöhenunterschiede bedeutungsunterscheidend sein können. Zudem zeigte sich, dass sowohl in Asien als auch in Amerika die Bestwerte in Deutschs Studie von denjenigen Studenten erreicht wurden, die schon mit vier bis fünf Jahren ihren ersten musikalischen Unterricht hatten. Aus den Ergebnissen ihrer Untersuchungen schließt Deutsch, dass alle Menschen mit dem richtigen Training während der frühen Kindheit ihr angeborenes Tonhöhengedächtnis beibehalten können.[53]

Freimer et al. von der University of California, Los Angeles gehen davon aus, dass die Wahrscheinlichkeit, ein Tonhöhengedächtnis auszuprägen, unter anderem genetisch bedingt ist. Im Rahmen einer Studie fanden Freimer et al. heraus, dass bei der Hälfte der Probanden (600 Musiker), die ein Tonhöhengedächtnis besaßen, auch andere Familienmitglieder eines besaßen, während nur fünf Prozent der Musiker ohne Tonhöhengedächtnis Familienmitglieder mit Tonhöhengedächtnis hatten.[54]

Bei blinden Menschen ist zum Ausgleich des fehlenden Sehsinnes das *Planum temporale* vergrößert, was den Erwerb eines Tonhöhengedächtnisses begünstigt. Deshalb besteht eine höhere Prävalenz des Tonhöhengedächtnisses bei Blinden.[55]

Immer wieder wurde im Zusammenhang mit dem Tonhöhengedächtnis von Menschen mit anderen kognitiven Beeinträchtigungen berichtet, zum Beispiel bei Patienten mit dem *Williams-Beuren-Syndrom* (WBS). So fanden Lenhoff et al. in einer Studie von 2001 eine stärkere Prävalenz des Tonhöhengedächtnisses bei Patienten mit *Williams-Beuren-Syndrom*.[56] WBS-Patienten haben generell eine stärker ausgeprägte Hörrinde, die für zeitliche Präzision und Rhythmusgefühl zuständig ist. Sie wird bei WBS-Patienten im Vergleich zu gleichaltrigen gesunden Menschen beim Hören stärker aktiviert. Ähnlich wie bei Menschen mit Tonhöhengedächtnis ohne

---

[51] Vgl. Saffran, Jenny R. / Griepentrog, Gregory J. : Absolute pitch in infant auditory learning: Evidence for developmental reorganization. In: Developmental Psychology. 37/2001, S. 74–85.
[52] Vgl. Saffran, Jenny R. : Statistical language learning: mechanisms and constraints. In: Current Directions in Psychological Science. 12/2003, S. 110-114.
[53] Vgl. Deutsch, Diana: The Puzzle of Absolute Pitch. In: Current Directions in Psychological Science. 11/2002, S. 200–204.
[54] Vgl. Baharloo, Siamak et al.: Absolute Pitch: An Approach for Identification of Genetic and Nongenetic Components. In: The American Journal of Human Genetics. 62/1998, S. 224–231.
[55] Vgl. Hamilton, Roy H. /Pascual-Leone, Alvaro/ Schlaug, Gottfried: Absolute pitch in blind musicians. In: NeuroReport 15/2004 , S. 803-806.
[56] Vgl. Lenhoff, Howard M. / Perales, Olegario / Hickok, Gregory: Absolute Pitch in Williams Syndrome. In: Music Perception. 18/2001, S. 491–503.

kognitive Beeinträchtigung ist also bei WBS-Patienten das *Planum temporale* vergrößert, allerdings in beiden Hemisphären.[57]

In aktuellen Studien fand Galaburda heraus, dass die Neuronen in der Sehrinde von WBS-Patienten kleiner und dichter angeordnet sind, was weniger Verbindungen zwischen den Zellen erlaubt. Neuronen in der primären Hörrinde von WBS-Patienten auf der anderen Seite waren allerdings größer und lose angeordnet, was eine stärkere Verbindung ermöglicht.[58]

Diese Unterschiede in der Zellgröße und -dichte können einer Sprach- und Musikbegabung zugrunde liegen und das Tonhöhengedächtnis bei Patienten mit WBS begünstigen.

Da Menschen aus dem autistischen Spektrum oft Verzögerungen der Gesamtentwicklung mit besonderen Auffälligkeiten im sprachlichen Bereich zeigen, ist das Vorkommen des Tonhöhengedächtnisses bei *Autisten* ein interessantes Forschungsfeld.

In einer Studie mit autistischen Erwachsenen von Rojas et al. beobachtete man, dass bei *autistischen* Erwachsenen mit Tonhöhengedächtnis im Vergleich zur Kontrollgruppe aus nicht autistischen Erwachsenen mit Tonhöhengedächtnis das Volumen der *grauen Substanz* im *Planum temporale* in der linken Hemisphäre verkleinert war, während das Volumen der *grauen Substanz* in der rechten Hemisphäre vergleichsweise unverändert war.[59] In einer zweiten Studie von Rojas et al. zeigte sich 2005, dass bei autistischen Kindern und Jugendlichen mit Tonhöhengedächtnis im Vergleich die gesamte linke Hemisphäre deutlich kleiner war. Rojas et al. schlossen daraus, dass die verkleinerte linke Hemisphäre primär für die sprach- und gehörbezogenen Veränderungen bei *Autisten* verantwortlich ist.[60]

2012 befassten sich Anders et al. in einer Studie mit dem Zusammenhang zwischen Tonhöhengedächtnis und autistischen Verhaltenseigenschaften. Überraschenderweise zeigte sich, dass nicht autistische Menschen mit Tonhöhengedächtnis auffällig besser in vorstellungs- und aufmerksamkeitsbezogenen Feldern abschnitten als in sozialen und kommunikativen. Sie zeigten eine stärkere Tendenz zu autistischen Verhaltenseigenschaften als die Kontrollgruppe aus Menschen ohne Autismus und ohne Tonhöhengedächtnis.[61]

Das Vorhandensein eines Tonhöhengedächtnisses garantiert keine ausgesprochene Musikbegabung, begünstigt aber diese und überdurchschnittliche Fähigkeiten im sprachlichen Bereich. Die meisten Savants mit *skills* im musikalischen Bereich haben ein Tonhöhengedächtnis.

---

[57] Vgl. http://de.wikipedia.org/wiki/Williams-Beuren-Syndrom (Stand: 08.12.2014).
[58] Vgl. Galaburda, Albert M. / Bellugi, Ursula: V. Multi-Level Analysis of Cortical Neuroanatomy in Williams Syndrome. In: Journal of Cognitive Neuroscience. 12/2000, S. 74–88.
[59] Vgl. Rojas, Donald C et al.: Smaller left hemisphere planum temporale in adults with autistic disorder. In: Neuroscience Letters 328/2002, S. 237–240.
[60] Vgl. Rojas, Donald C. et al.: Planum Temporale Volume in Children and Adolescents with Autism. In: J Autism Dev Disord. 35/2005, S. 479–486.
[61] Vgl. Dohn, Anders et al.: Do Musicians with Perfect Pitch Have More Autism Traits than Musicians without Perfect Pitch? In: PLoS ONE. 7/2012.

4.4 Das genetisch verankerte Gedächtnis und Wissensvererbung

Darold A. Treffert beschreibt eine weitere Form von Gedächtnis, von der schon viele Wissenschaftler und Philosophen vor ihm berichteten. Treffert stützt sich auf Carl Jung, welcher vom „kollektiven Unbewussten"[62] sprach, verwendet stattdessen aber den Begriff „genetisches Gedächtnis [*Übersetzung der Autorin*]".[63] Er beschreibt damit eine Gedächtnisform, die es den Savants ermöglicht, nie Erlerntes zu vollführen. Laut Treffert ist etwas in den Genen verankert, was den Savants ein mit Intuition vergleichbares Handeln ermöglich.

Er meint damit, dass Nervenverbindungen existieren, die in unseren Genen verwurzelt sind, vergleichbar mit vorinstallierten Programmen auf einem neu gekauften Computer. Diese seien die Ursache für unsere intuitiven Handlungen und sollen bei Savants zu ihren *skills* führen. Beispiele dafür sind die Fähigkeit, ohne Lernphase Klavier spielen zu können oder Sprachen zu sprechen, ohne zuvor deren Grammatik studiert zu haben. Bei gesunden Menschen sollen diese Fähigkeiten, die von Treffert *inherited skills* genannt werden, von wichtigeren zur Alltagsbewältigung benötigten Nervenverbindungen überschrieben werden, die bei Savants sehr stark vermindert ausgebildet werden bzw. geschädigt wurden. Die betroffenen Savants greifen deshalb verstärkt auf ihre angeborenen Nervenverbindungen zurück. Laut Treffert wären musikalische und künstlerische *skills* bei Savants anders nicht zu erklären. Er stützt seine Argumentation auf die von Miller beschriebenen Fälle von *Frontallappendemenz*, die erst mit dem Auftreten ihrer Demenz „verborgene Potentiale"[64] entfalten konnten.

Treffert vermutet weiterhin, dass bestimmtes Wissen, zum Beispiel die Fähigkeit, Klavier zu spielen, bei manchen Savants von den Eltern vererbt wurde. Er nennt dies „genetischer Transfer von Wissen [*Übersetzung der Autorin*]".[65] So könnte dieses genetisch verankerte Gedächtnis oder der Wissenstransfer den *core savant skill* darstellen, dem alle weiteren *skills* zugrunde liegen. Diese Theorie konnte in bisherigen Studien jedoch nur teilweise belegt werden.[66]

Die Theorie von vererbtem Wissen deckt sich einerseits mit Erkenntnissen zum Lernverhalten von Tieren und andererseits mit dem heutigen Wissen über *Epigenetik*. Für diese Theorie spricht auch, dass man bei „autistic" Savants genetische Faktoren beobachten konnte, die die Ausprägung des Savant-Syndroms begünstigen. So treten *Genvariationen* auf dem 15. Chromosom in der 15q11-q13-Region häufiger bei Familien auf, in denen das Savant-Syndrom vorkam, als bei Probandenfamilien, bei denen nur *Autismus* ohne Savant-Syndrom vorkam.[67]

---

[62] Vgl. Jung, C. G: The archetypes and the collective unconscious. New York 1959.
[63] Vgl. Treffert, Darold A.: Extraordinary People. Understanding Savant Syndrome, Lincoln 2000.
[64] Ebd.
[65] Ebd.
[66] Vgl. Rife, David C./ Laurence H. Snyder: Studies In Human Inheritance VI: A Genetic Refutation of the Principles of "behavioristic" Psychology, Baltimore 1931.
[67] Vgl. Ma, D. Q. et al.: Ordered-subset analysis of savant skills in autism for 15q11-q13. In: Am. J. Med. Genet.. 135B/2005, S. 38–41.

4.5 Latente savant skills

Einige Wissenschaftler bezeichnen die *rechtshemisphärische Kompensation* auch als eine Befreiung von der „Dominanz der linken Hemisphäre" oder auch von der „Tyrannei der linken Hemisphäre". Sie sind davon überzeugt, dass die Herangehensweise an Probleme mit den Denkweisen der rechten Hemisphäre effizienter sind, da die linke Hemisphäre immer nach Mustern sucht und diese mit schon bekannten abgleicht, während die rechte Hemisphäre eher neutral an Problemstellungen heran geht[68] und so zu effizienteren/kreativeren Lösungen kommt, wie bei denjenigen Savants sichtbar wird, die eine Schädigung der linken Hemisphäre aufweisen (siehe Kapitel 4.1).

Der australische Wissenschaftler Allan W. Snyder behauptet, dass die Wahrnehmung von nicht betroffenen Menschen vorurteilsbehaftet ist, weil sie Probleme hauptsächlich mit der linken Hemisphäre lösen. Snyder formuliert daraus seine Hypothese, dass die Savant-Wahrnehmung *latent* in allen Menschen vorhanden ist. Um diese freizuschalten, müsse man die rechte Hemisphäre von der „Dominanz der linken Hemisphäre" befreien. [69]

Snyder entwickelte auf seine Hypothese hin eine Versuchsreihe. Mithilfe von *transkranialer Magnetstimulation* (TMS) stimulierte und *hemmte* er bei mehreren Versuchspersonen bestimmte Gehirnregionen. So sollten die neuroelektrischen Muster der linken Hemisphäre unterdrückt werden und dafür die der rechten freigesetzt werden. Den Versuchsteilnehmern wurden unter anderem Sprichwörter auf einem Bildschirm präsentiert, die kleine Fehler beinhalteten, wie „Alte Liebe nicht rostet" oder „Früher Vogel fängt den den Wurm". Die Versuchsteilnehmer sollten diese Sprichwörter dann laut vorlesen. Eine weitere Testaufgabe bestand darin, ein Tier aus dem Gedächtnis zu zeichnen. Snyder beobachtete, dass Versuchsteilnehmer nach der Stimulation mehr Fehler erkannten und präziser zeichneten als davor. Snyder schloss daraus, dass die Versuchsteilnehmer nach der TMS weniger vernunftgesteuert, weniger konzeptuell und weniger in festen Bahnen dachten – also mit geringerem Einfluss von Vorurteilen; seiner Meinung nach nahmen sie für einen Moment die Welt so wahr wie Savants.[70]

Dies kam aber auf Kosten anderer, komplexerer Gehirnfunktionen zustande: Den Versuchsteilnehmern fiel es schwerer, die ihnen eigentlich bekannten Sprichwörter schnell zu erkennen.

4.6 Eigenes Modell

Aus den oben geschilderten Theorien ergibt sich mein Erklärungsmodell zum Savant-Syndrom (siehe Abbildung 4 in Abbildungen und Tabellen).

Ihre kognitiven Beeinträchtigungen führen dazu, dass Savants im Fall von „congenital and present at birth" nicht auf höhergestellte Nervenverbindungen zurückgreifen können; im „acquired

---

[68] Vgl. Wolford, G./ Miller, M./ Gazzaniga, M.: The left hemisphere's role in hypothesis formation In: The Journal of Neuroscience, 20/2000.

[69] Vgl. Chi, Richard P. / Snyder, Allan W.: Facilitate Insight by Non-Invasive Brain Stimulation. In: PLoS ONE. 6/2011, S. e16655.

[70] Vgl. Hoppe, Ralf: Kreativität: Das gierige Gehirn. http://www.spiegel.de/spiegelspecial/a-273160-3.html (Stand: 05.12.2014).

und developed" Fall nicht mehr. Stattdessen nutzen sie hauptsächlich infantile bzw. primitivere Nervenverbindungen. Im „congenital and present at birth" Fall entwickeln sie diese vermutlich weiter, anstatt sie durch neue, komplexere Nervenverbindungen zu ersetzen (siehe Kapitel 4.4). Dies ist meiner Meinung nach der *core savant skill*, die Ursache für alle *skills* und die Gemeinsamkeit aller Savants.

In den meisten Fällen des Savant-Syndroms können sich so, durch *rechtshemisphärische Kompensation* (siehe Kapitel 4.1), ein eidetisches Gedächtnis (Kapitel 6.1.1), eine Synästhesie (Kapitel 6.1.2) oder ein Tonhöhengedächtnis (Kapitel 6.1.3) ausbilden. Diese befähigen die Savants zu ihren verschiedenen Begabungen bzw. *skills*.

Dabei ist meiner Meinung nach die Unterteilung der Savants in *prodigious* und *talented* rein subjektiv.

Um mein Modell zu bestätigen, muss in Zukunft mehr Forschung im Bereich des Savant-Syndroms betrieben werden.

5 Savants und ihre Rolle in der menschlichen Evolution

Unter dem Begriff der Evolution versteht man im Sinne Darwins die Anpassung einer Population von Lebewesen an die Umwelt durch Veränderung und Selektion vererbbarer Merkmale von Generation zu Generation.

Meine ursprüngliche Frage – ob Savants eine besser angepasste Gruppe von Menschen an die heutige Leistungsgesellschaft sind – möchte ich im Folgenden beantworten. Wegen des uneindeutigen Einflusses der Gene auf „acquired and developed" Savants sind diese in der weiteren Überlegung ausgeschlossen.

Aussagen über den Anstieg an diagnostizierten Fällen von Autismus spielen eine stark untergeordnete Rolle, weil sie sich nie speziell auf das Savant-Syndrom beziehen und zudem vermutlich mehr ein Resultat der späten Entdeckung der *Autismus-Spektrum-Störung* bzw. des Savant-Syndroms sind als ein Ergebnis von Evolution.[71]

5.1 Beeinträchtigungen von Savants

Weil die Hälfte aller Savants Autisten sind, fügen sich die am meisten bei Savants beobachteten Defizite grundlegend aus mehreren Teilen zusammen:

So kann eine schwere Störung vorliegen, die sich durch Sprachprobleme und sich wiederholende und stereotype Verhaltensmuster (*Zwangsneurosen*), ein eingeschränktes Interesse an zwischenmenschlichen Beziehungen und emotionale Bindungen an nicht personifizierte Objekte äußert.

Die kognitiven Beeinträchtigungen können wie bei Kim Peek (Kapitel 3.1.2) zusätzlich motorische Schwierigkeiten verursachen. Die generelle *Reizüberflutung* (Erklärung dazu in Kapitel

---

[71] Vgl. King, M. / Bearman, P.: Diagnostic change and the increased prevalence of autism. In: International Journal of Epidemiology. 38/2009, S. 1224–1234.

4.3.1), die der Großteil der Savants täglich erfährt, führt unter anderem dazu, dass Savants sich in eigentlich bekannten Gegenden nicht orientieren können. So würden viele ihr eigenes Zuhause nicht wiederfinden, obwohl sie den Weg dorthin schon jahrelang in Begleitung gelaufen sind. Zusätzlich kommen in einigen Fällen, beispielsweise in Verbindung mit dem *Williams-Beuren-Syndrom*, allgemeine Probleme wie Wachstumsverzögerungen oder häufige Infektionen der oberen Atemwege beziehungsweise Mittelohrentzündungen dazu. Das liegt daran, dass Menschen mit *Williams-Beuren-Syndrom* grundlegende Anomalien der Gesichtsform ("Engelsgesicht") sowie ein 20% kleineres Gehirn und weitere organische Fehlbildungen aufweisen.[72]

Zusätzliche Erkrankungen wie bei Breuß (Kapitel 3.1.1) werden oft nicht diagnostiziert, da diese in der Fülle der Symptome schlichtweg übersehen werden. In Breuß' Fall kann diesen zusätzlichen Erkrankungen durch tägliche Einnahme von Medikamenten Einhalt geboten werden. Für den Großteil der Beeinträchtigungen anderer Savants jedoch gibt es keine passende medikamentöse Behandlung. Viele Savants sind auf ständige Pflege angewiesen (Ausführungen im Anhang). Ein weitgehend eigenständiges Leben scheint nur in Ausnahmen wie Tammet (Kapitel 3.2.2) oder Breuß möglich.

Bei Behandlungen und Therapien dieser Defizite wird versucht, vor allem die soziale und kommunikative Entwicklung zu unterstützen sowie Verhalten abzubauen, das das Erlernen von Techniken zur Bewältigung des Alltags und zum Aufbau sozialer Kontakte behindert.[73] Diese Therapien haben nur geringe Erfolgschancen, sind sehr teuer und müssen in Ländern ohne universelle Krankenversicherung von den Betroffenen oder ihren Angehörigen selbst finanziert werden. Zudem herrscht Angst davor, die Savants könnten ihre *skills* durch solche Therapien verlieren, wenn davon ausgegangen wird, dass die kognitiven Defizite, die eigentlich durch eine Therapie ausgeglichen werden sollen, *skills* erst ermöglichen.

Obwohl manche Savants, zum Beispiel Breuß, ihre *skills* nur als zusätzliche Belastung ("Es war wie eine Sucht") empfinden, sind die *skills* für viele Betroffene, vor allem *autistic savants*, mehr als einen Ausweg oder eine Ablenkungsmetode aus einer verwirrenden Welt zu verstehen, in der sie sich wie Außerirdische fühlen[74] – wie Allan Snyder treffend formuliert:

> Es gibt alle möglichen Savants [...]. Aber außergewöhnliche Fähigkeiten zu haben ist offensichtlich besser als nur schwer autistisch zu sein [*Übersetzung der Autorin*].[75]

Vielleicht sind diese *skills* im Laufe der Evolution aufgetreten, weil sie die Savants trotz ihrer Defizite für die vorherrschende Gesellschaft nützlich machen.

---

[72] Vgl. Wikipedia: Williams-Beuren-Syndrom. http://de.wikipedia.org/wiki/Williams-Beuren-Syndrom (Stand: 08.12.2014).

[73] Vgl. Steinhausen, Hans-Christoph: Psychische Störungen bei Kindern und Jugendlichen. München 2002.

[74] Vgl. Grandin, Temple / Scariano, Margaret M / Jensen, Manfred: Durch die gläserne Tür. Hannover 2014.

[75] "Savants come is [sic] all shapes and sizes [...]. But, having exceptional skills is clearly better than just being severely autistic." (Auszug aus E-Mail-Korrespondenz mit der Autorin)

5.2   Vorteile der Savants

Der irische Psychiater Michael Fitzgerald hat in mehreren Publikationen das Verhalten berühm-
ter Persönlichkeiten wie Isaac Newton oder Einstein im Zusammenhang mit dem Savant-
Syndrom untersucht. Tatsächlich haben alle von ihm untersuchten Persönlichkeiten neben ihren
außergewöhnlichen Fähigkeiten auch Defizite gezeigt, die dem Autismus ähnelten.[76] So könnte
man aus seinen Überlegungen schließen, dass das Savant-Syndrom schon lange existiert haben
kann. Die *Autistin* Temple Grandin, die *prodigious savant* ist, sagte in einem Interview:

> Fest steht eines, der erste Speer wurde nicht von den geselligen Typen erfunden, die gemütlich am
> Lagerfeuer saßen, sondern von einem Autisten [Anmerkung der Autorin: Grandin verallgemeinert
> hier: Gemeint sind Savants.], der einsam daran getüftelt hat, wie man aus Steinen Werkzeug macht.[77]

Das lässt die Vermutung zu, dass Savants für die technische Evolution des Menschen unentbehrlich sind, weil sie beispielsweise mit Erfindungen die Menschheit vorantreiben.

In Deutschland existiert beispielsweise ein Unternehmen, das ausschließlich Savants als Consul-
tants im IT-Bereich beschäftigt, die als *Autisten* diagnostiziert wurden. Das Unternehmen,
„auticon", das sich mit der Überprüfung und Qualitätssicherung von Software beschäftigt, nutzt
dafür die Fähigkeiten der Savants zur Mustererkennung, Präzision, Logik, und ihre Affinität zur
Fehlersuche, um effiziente und kreative Lösungsansätze zu entwickeln. Das Unternehmen hat
bereits sieben Filialen in Deutschland aufbauen können. In jeder Filiale sind 20 Savants und
acht nicht betroffene Menschen beschäftigt.[78]

Der Softwarekonzern SAP will nun auch auf Savants als Mitarbeiter setzen. Ziel ist es, bis
2020 ein Prozent der rund 65.000 Stellen im Konzern mit Savants zu besetzen. Sie sollen als
Softwaretester, Programmierer und Spezialisten für Datenqualitätssicherung eingesetzt werden.
Dieses Ziel will SAP gemeinsam mit dem dänischen Unternehmen „Specialisterne" verwirkli-
chen, einem Unternehmen, das eine Million *Autisten*, darunter auch Savants, ins Arbeitsleben
verhelfen will. Im vergangenen Jahr startete ein weiteres Pilotprojekt mit „Specialisterne" in
Irland. Acht weitere Länder sollen folgen.[79]

Obwohl diese Vorhaben ein guter Ansatz sind, wird das Potential von Savants durch die Kon-
zentration auf den IT-Bereich nicht voll ausgeschöpft, weil diese auch in anderen Bereichen ihre
skills optimal anwenden könnten:

Weil ihre eigene Wahrnehmung in bestimmten Aspekten der von Kühen ähnelt, konnte Temple
Grandin beispielsweise Kuhfarmen konstruieren, die besser an deren Bedürfnisse angepasst
sind, sodass auf ihren Farmen generell weniger Tiere an Panikanfällen sterben oder Schaden
anrichten.[80]

---

[76] Vgl. Fitzgerald M.: Did Isaac Newton have Asperger's Disorder? In: European Child and Adolescent Psychiatry
Journal, 8/1999, S. 244.
[77] Vgl. Film: Expedition ins Gehirn. Eine Reise in die mysteriöse Welt der Superbegabten. 2006 Dortmund:
colourFIELD / tell-a-vision.
[78] Vgl. Auticon: Leistung. http://www.auticon.de/leistungen/ Stand (Stand: 08.12.2014).
[79] Vgl. Motzkau, Martin: Autisten bei SAP: Super-Talente mit Überraschungseffekt
http://www.spiegel.de/wirtschaft/unternehmen/sap-stellt-autisten-ein-a-901090.html (Stand: 08.12.2014).
[80] Vgl Film: Du gehst nicht allein. 2010 Vereinigte Staaten: HBO.

Der Norweger Aleksander Vinter ist ein Savant mit *Asperger-Syndrom* und hat seine musikalischen *skills* zum Beruf gemacht.[81] Er hat eine große Fangemeinschaft, die sich in den 219.544 Facebook-„Gefällt mir"-Angaben[82] widerspiegelt. Vinter benutzt viele Pseudonyme, das bekannteste ist „SAVANT".[83]

Der *prodigious savant* Matt Savage feiert seit seinem achten Lebensjahr große Erfolge als Jazzpianist. Seit dem Jahr 2000 hat Savage elf Alben veröffentlicht.[84]

Die Anwesenheit von Savants bedeutet unter anderem auch den Erhalt der Fähigkeit für die Gesellschaft, mit andersartigen Menschen umzugehen (*emotionale Intelligenz*).

5.3   Beantwortung der Forscherfrage

All diese Faktoren berücksichtigend, resümiere ich, dass Savants, so wie sie heute sind, nicht die Zukunft der Menschheit darstellen, da sie zu viele Nachteile haben, die sie nicht allein überleben lassen.

Ein häufigeres Auftreten von Savants in der Zukunft aufgrund von *natürlicher Selektion* ist eher unwahrscheinlich, weil Savants aufgrund ihrer Defizite Schwierigkeiten haben, sich fortzupflanzen. Deshalb müssen aber die das Savant-Syndrom begünstigenden Gene nicht unbedingt aussterben, weil diese Gene in *rezessiver* Form im *Genom* der Verwandten ohne Savant-Syndrom vorliegen können. Zudem birgt das Savant-Syndrom, wie oben erwähnt, Vorteile für das Überleben der menschlichen Population.

Denkbar wäre aber eine *künstliche Selektion*, bei der durch gezielte *Genmanipulation* Savants „produziert" würden, wodurch die Savant-Gene ausgebreitet werden könnten.

Besorgniserregend sind hier Meldungen über *transkranielle Ultraschallstimulierungen* von Gehirnen von Einsatztruppen durch Helme die unter anderem durch die Forschung an Savants entwickelt wurden. Sie sollen bestimmte Areale gezielt stimulieren, um die Soldaten kampffähiger zu machen. So konnte beispielsweise die Aufmerksamkeit der Soldaten gesteigert, die Wahrnehmung gesteuert und das Schmerzempfinden reguliert werden.[85] Eine denkbare und erschreckende Weiterentwicklung wäre es, auch die Empathie der Soldaten zu hemmen.

Denkbar wäre es also auch, dass im weiteren Verlauf der Evolution des Menschen, vielleicht auch durch *künstliche Selektion*, bestimmte Teile des *Genoms* der Savants fest in das menschliche *Genom* aufgenommen werden, wodurch das Savant-Syndrom zumindest teilweise die Zukunft der menschlichen Evolution darstellen würde.

---

[81] Vgl. Savant Official: Bio. http://www.savantofficial.com/bio/ (Stand: 08.12.2014).
[82] Vgl. Facebook: Savant Official. https://www.facebook.com/SavantOfficial (Stand: 05.02.15).
[83] Vgl. Wikipedia: Alexsander Vinter. http://de.wikipedia.org/wiki/Aleksander_Vinter (Stand: 08.12.2014).
[84] Vgl. Savagerecords: About. http://savagerecords.com/wordpressnew/about/ (Stand: 07.02.2015).
[85] Vgl. DIE WELT: US-Armee will Gehirne von Soldaten manipulieren.
http://www.welt.de/wissenschaft/article9821886/US-Armee-will-Gehirne-von-Soldaten-manipulieren.html.
(Stand: 02.01.2015).

Da die *emotionale Intelligenz* zu viele Vorteile für das allgemeine Zusammenleben in der menschlichen Population birgt, steht ihr Verschwinden im Zusammenhang mit der Ausbreitung des Savant-Syndroms, zum Beispiel durch *Gentechnik*, außer Frage.

Auch aufgrund der oben genannten Vorteile, die Savants für die Gesellschaft unentbehrlich machen, ändert sich ihre Umwelt dahingehend, dass Savants heute und in der Zukunft besser integriert und wertgeschätzt werden. Deshalb halte ich es für sehr wahrscheinlich, dass sich die Anzahl von Menschen mit angeborenem Savant-Syndrom in Zukunft erhöht.

Zuallerletzt ist zu beachten, dass Savants und die Forschung an ihnen dabei helfen werden, das menschliche Gehirn besser zu verstehen:

> Solange wir die Savants nicht begreifen, verstehen wir uns selbst nicht. Keine Theorie über unser Gehirn kann jemals korrekt sein, wenn sie dieses unglaubliche Phänomen [*Anmerkung der Autorin*: das Savant-Syndrom] nicht erklären kann. [86]

---

[86] Vgl. Film: Expedition ins Gehirn. Eine Reise in die mysteriöse Welt der Superbegabten. 2006 Dortmund: colourFIELD / tell-a-vision.

Quellen

Literatur

Azevedo, Frederico A. C. et al.: Equal numbers of neuronal and nonneuronal cells make the human brain an isometrically scaled-up primate brain. In: J. Comp. Neurol. 513/2009, S. 532–541.

Baharloo, Siamak et al.: Absolute Pitch: An Approach for Identification of Genetic and Nongenetic Components. In: The American Journal of Human Genetics. 62/1998, S. 224–231.

Barnett, Kylie J. et al.: Familial patterns and the origins of individual differences in synaesthesia. In: Cognition. 106/2008, S. 871–893.

Baron-Cohen, Simon / Lutchmaya, Svetlana / Knickmeyer, Rebecca: Prenatal testosterone in mind, Cambridge 2004.

Bölte, Sven / Uhlig, Nora / Poustka, Fritz: Das Savant-Syndrom: Eine Übersicht. In: Zeitschrift für Klinische Psychologie und Psychotherapie. 31/2002, S. 291–297.

Casanova, Manuel F.: Recent developments in autism research, New York 2005.

Chi, Richard P. / Snyder, Allan W.: Facilitate Insight by Non-Invasive Brain Stimulation. In: PLoS ONE. 6/2011, S. e16655.

Cytowic, Richard E. / Eagleman, David M. / Nabokov, Dmitri: Wednesday is Indigo Blue : Discovering the Brain of Synesthesia Cambridge, 2009.

Deutsch, Diana: The Puzzle of Absolute Pitch. In: Current Directions in Psychological Science. 11/2002, S. 200–204.

Dohn, Anders et al.: Do Musicians with Perfect Pitch Have More Autism Traits than Musicians without Perfect Pitch? In: PLoS ONE. 7/2012.

Doidge, Norman: Neustart im Kopf. Frankfurt, M. 2008.

Dorsch, Friedrich / Häcker, Hartmut / Stapf, Kurt: Dorsch Psychologisches Wörterbuch. 11. ergänzte Auflage, Deutschland 1987.

Elmer, Stefan / Sollberger, Silja / Meyer, Martin et al.: An Empirical Reevaluation of Absolute Pitch: Behavioral and Electrophysiological Measurements. In: Journal of Cognitive Neuroscience. 25/2013, S. 1736–1753.

Fitzgerald M.: Did Isaac Newton have Asperger's Disorder? In: European Child and Adolescent Psychiatry Journal, 8/1999 S. 244.

Galaburda, A. M.: The Planum Temporale. In: Archives of Neurology. 50/1993, S. 457–457.

Galaburda, Albert M. / Bellugi, Ursula: V. Multi-Level Analysis of Cortical Neuroanatomy in Williams Syndrome. In: Journal of Cognitive Neuroscience. 12/2000, S. 74–88.

Galton, Francis: Visualised Numerals. In: Nature. 21/1880, S. 252–256.

Grandin, Temple / Scariano, Margaret M / Jensen, Manfred: Durch die gläserne Tür. Hannover 2014.

Hamilton, Roy H. / Pascual-Leone, Alvaro / Schlaug, Gottfried: Absolute pitch in blind musicians. In: NeuroReport 15/2004, S. 803–806.

Hill, A. Lewis: Idiot Savants: Rate of incidence. In: Perceptual and Motor Skills, 44/1977, S. 161–162.

Hughes, J. R.: A Review Of Savant Syndrome And Its Possible Relationship To Epilepsy. In: Epilepsy & Behavior Vol.17/2010, S.147–52.

Jung, C. G: The archetypes and the collective unconscious. New York 1959.

Just, M. A.: Cortical activation and synchronization during sentence comprehension in high-functioning autism: evidence of underconnectivity. In: Brain. 127/2004, S. 1811–1821.

King, M. / Bearman, P.: Diagnostic change and the increased prevalence of autism. In: International Journal of Epidemiology. 38/2009, S. 1224–1234.

Lenhoff, Howard M. / Perales, Olegario / Hickok, Gregory: Absolute Pitch in Williams Syndrome. In: Music Perception. 18/2001, S. 491–503.

Ma, D. Q. et al.: Ordered-subset analysis of savant skills in autism for 15q11-q13. In: Am. J. Med. Genet. 135B/2005, S. 38–41.

Miller, B. L. et al.: Emergence of artistic talent in frontotemporal dementia In: Neurology 51/1998, S. 978–982.

Miller, L. K.: Defining the savant syndrome. In: Journal of Developmental and Physical Disabilities, 1998, S.73–85.

Neely, G. Gregory et al.: A Genome-wide Drosophila Screen for Heat Nociception Identifies $\alpha2\delta3$ as an Evolutionarily Conserved Pain Gene. In: Cell. 143/2010, S. 628–638.

Padgett, Jason / Seaberg, Maureen: Struck by Genius: How a Brain Injury Made Me a Mathematical Marvel, Boston 2014.

Ramachandran, V. S. / Hubbard, E. M: Synaesthesia - AWindow Into Perception, Thought and Language. In: Journal of Consciousness Studies. 8/2001, S. 3–34.

Rich, A. N. / Bradshaw, J. L. / Mattingley, J. B.: A systematic, large-scale study of synaesthesia: implications for the role of early experience in lexical-colour associations. In: Cognition. 98/2005, S. 53–84.

Rife, David C. / Laurence H. Snyder: Studies In Human Inheritance VI: A Genetic Refutation of the Principles of "behavioristic" Psychology, Baltimore1931.

Rimland, B.: Savant capabilities of autistic children and their cognitive implications.In: The Excerptional Brain S.44–63 New York.

Rohen, Johannes W.: Funktionelle Neuroanatomie. Stuttgart 2001.

Rojas, Donald C / Bawn, Susie D / Benkers, Tara L et al.: Smaller left hemisphere planum temporale in adults with autistic disorder. In: Neuroscience Letters 328/2002, S. 237–240.

Rojas, Donald C. / Camou, Suzanne L. / Reite, Martin L. et al.: Planum Temporale Volume in Children and Adolescents with Autism. In: J Autism Dev Disord. 35/2005, S. 479–486.

Sacks, Oliver W.: Der Mann, der seine Frau mit einem Hut verwechselte. Reinbeck bei Hamburg 1987.

Saffran, Jenny R. / Griepentrog, Gregory J.: Absolute pitch in infant auditory learning: Evidence for developmental reorganization. In: Developmental Psychology. 37/2001, S. 74–85.

Saffran, Jenny R.: Statistical language learning: mechanisms and constraints. In: Current Directions in Psychological Science. 12/2003, S. 110–114.

Schinardi, Alessia: Fallbericht über ein 5-jähriges Kind mit Savant Syndrom (Autismus Savant) In: Swiss Archives of Neurology and psychiatry 165/2014 S. 25–30.

Snyder, A..: Explaining and inducing savant skills: privileged access to lower level, less-processed information. In: Philosophical Transactions of the Royal Society B: Biological Sciences. 364/2009 S. 1399–1405.

Spitz, Herman H.: Calendar calculating idiots savants and the smart unconscious. In: New Ideas in Psychology 13/1995, S. 167–182.

Steinhausen, Hans-Christoph: Psychische Störungen bei Kindern und Jugendlichen. München 2002.

Treffert, Darold A. / Wallace, Gregory L.: Inselbegabungen In: Spektrum der Wissenschaft September 2002, S. 44.

Treffert, Darold A.: Extraordinary People. Understanding Savant Syndrome, Lincoln, Nebraska 2000.

Wolford, G. / Miller, M. / Gazzaniga, M.: The left hemisphere's role in hypothesis formation In: The Journal of Neuroscience, 20/2000.

Internet

Auticon: Leistungen. http://www.auticon.de/leistungen/ (Stand: 08.12.2014).

Die Welt: US-Armee will Gehirne von Soldaten manipulieren.
http://www.welt.de/wissenschaft/article9821886/US-Armee-will-Gehirne-von-Soldaten-manipulieren.html. (Stand: 29.01.2015).

Facebook: Savan Official.https://www.facebook.com/SavantOfficial (Stand: 02.02.2015).

Hoppe, Ralf: Kreativität: Das gierige Gehirn. http://www.spiegel.de/spiegelspecial/a-273160-3.html (Stand: 05.12.2014).

Hubmer, Stefan: Eidetisches Gedächtnis: Reif für die Insel.
http://news.doccheck.com/de/249/eidetisches-gedachtnis-reif-fur-die-insel/ (Stand: 05.12.2014).

Motzkau, Martin: Autisten bei SAP: Super-Talente mit Überraschungseffekt
http://www.spiegel.de/wirtschaft/unternehmen/sap-stellt-autisten-ein-a-901090.html (Stand: 08.12.2014).

Podbregar, Nadja: Das Geheimnis des roten Dreiecks: Was passiert bei Synästheten im Gehirn?
http://www.scinexx.de/dossier-detail-539-6.html (Stand: 08.12.2014).

Savagerecords: About. http://savagerecords.com/wordpressnew/about/ (Stand: 07.02.2015).

Savant Official: Bio. http://www.savantofficial.com/bio/ (Stand: 08.12.2014).

Stangl, Werner: prozedurales Gedächtnis – Definition.
http://lexikon.stangl.eu/7415/prozedurales-gedaechtnis/ (Stand: 05.12.2014).

Thomas, Nigel J.T.: Mental Imagery: Other Quasi-Perceptual Phenomena (Stanford Encyclopedia of Philosophy). http://plato.stanford.edu/entries/mental-imagery/quasi-perceptual.html (Stand: 05.12.2014).

Treffert, Darold A.: Kim Peek – The Real Rain Man:
https://www.wisconsinmedicalsociety.org/professional/savant-syndrome/profiles-and-videos/profiles/kim-peek-the-real-rain-man/ (Stand: 05.12.2014).

Treffert, Darold: Is There a Little 'Rain Man' in Each of Us?:
https://www.wisconsinmedicalsociety.org/professional/savant-syndrome/resources/articles/is-there-a-little-rain-man-in-each-of-us/ (Stand: 05.12.2014).

Treffert, Darold: Perfect Pitch. https://www.wisconsinmedicalsociety.org/professional/savant-syn-drome/resources/articles/perfect-pitch/#q6 (Stand: 08.12.2014).

Vorwerk-Gundermann, Liane: Genial und doch geistig behindert.
http://www.focus.de/gesundheit/ratgeber/gehirn/tid-12850/inselbegabung-genial-und-doch-geistig-behindert_aid_355173.html (Stand: 01.01.15).

Wikipedia: Gedächtnis. http://de.wikipedia.org/wiki/Gedächtnis (Stand: 29.01.2015).

Wikipedia: Williams-Beuren-Syndrom. http://de.wikipedia.org/wiki/Williams-Beuren-Syndrom (Stand: 08.12.2014).

Abbildungen

Tabelle 1: Bölte, Sven / Uhlig, Nora / Poustka, Fritz: Das Savant-Syndrom: Eine Übersicht.
In: Zeitschrift für Klinische Psychologie und Psychotherapie. 31/2002 S. 291–297.

Abbildung 1: http://www.unipublic.uzh.ch/archiv/magazin/gesundheit/2003/0788.html (Stand:05.12.2014).

Abbildung 2: http://www.scinexx.de/dossier-bild-539-6-17823.html (Stand:05.12.2014).

Abbildung 3: http://www.grindofficial.com/blog-entry/failing-your-way-creativity (Stand:05.12.2014).

Filmdokumentation

Du gehst nicht allein. 2010 Vereinigte Staaten: HBO.

Expedition ins Gehirn. Eine Reise in die mysteriöse Welt der Superbegabten. 2006 Dortmund: colourFIELD / tell-a-vision.

Weiterführende Veröffentlichungen

Synästhesie:
Nunn, J. A. et al.: Functional magnetic resonance imaging of synesthesia: activation of V4/V8 by spoken words. In: Nature Neuroscience. 5/2002, S. 371–375.

Hubbard, Edward M. / Ramachandran, V. S.: Neurocognitive Mechanisms of Synesthesia. In: Neuron. 48/2005, S. 509–520.

Jonas, Clare N. / Price, Mark C.: Not all synesthetes are alike: spatial vs. visual dimensions of sequence-space synesthesia. In: Frontiers in Psychology. 5/2014.

ScienceDaily: St. Michael's Hospital. "Second known case of patient developing synesthesia after brain injury." www.sciencedaily.com/releases/2013/07/130730101744.htm.

Radiosendung: Stoessel, Marleen: Das "E" ist weiß, die "4" veilchenblau. http://www.deutschlandfunk.de/synaesthesie-das-e-ist-weiss-die-4-veilchenblau.1184.de.html?dram%3Aarticle_id=303101

Genetischer Wissenstransfer:
Spiegel Online: Mütter können Erfahrungen vererben. http://www.spiegel.de/wissenschaft/mensch/epigenetik-muetter-koennen-erfahrungen-vererben-a-605447.html

Filter im Gehirn:
McNab, Fiona / Klingberg, Torkel: Prefrontal cortex and basal ganglia control access to working memory. In: Nature Neuroscience. 11/2008, S. 103–107.

Publikationen von Michael Fitzgerald:
Lyons, V. / Fitzgerald, M.: Did Hans Asperger have Asperger's syndrome? In: Journal of Autism and Developmental Disorders, 37/2007, S.20–21.

McElearney, C. / Fitzgerald, M.: Did the Duke of Wellington have Asperger's syndrome? In: Journal of the Irish Psychiatric Association, 2007, S.57–60.

O'Connell, H./ Fitzgerald, M.: Did Alan Turing have Asperger's syndrome? In: Irish Journal of Psychological Medicine, 20/2003, S.28–31.

Arshad, M./ Fitzgerald, M.: Did Nobel Prize Winner John Nash have Asperger's syndrome and Schizophrenia? In: Irish Psychiatrist, 3/2002, S.90–94.

Arshad M./ Fitzgerald, M.: Did Michelangelo have High Functioning Autism? In: Journal of Medical Biography, 12/2004, S.115–120.

Fitzgerald, M.: Did Isaac Newton have Asperger's syndrome. In: European Child and Adolescent Psychiatry Journal, 8/1999, S. 204.

Fitzgerald, M.: Did Bartok have High Functioning Autism or Asperger's syndrome? In: Autism – Europe Link, 29/2000, S.21.

Unterschiede im Gehirn:
Baron-Cohen, Simon: The essential difference. 2003 New York.

Abbildungen und Tabellen

Tabelle 1: Übersicht über alle bekannten *savant skills* und wie sich diese äußern können

Arithmetik	schnelles Multiplizieren und Radizieren
Gedächtnis	genaues Erinnern einer Vielzahl von vergleichbar trivialen Daten und Fakten, z.B. von Telefonnummern
Geographie	herausragende räumliche Orientierung und Fähigkeit, Karten zu lesen
Kalenderberechnen	Wochentag kann zu jedem beliebigen Datum genannt werden
Koordination	ausgeprägte Feinmotorik
Lesen	Hyperlexie
Mechanische Fähigkeit	mechanische Geräte zu reparieren (z.B. Uhren), ohne entsprechende Vorkenntnisse erworben zu haben
Musizieren	Tonhöhengedächtnis
Sensorische Diskrimination	ausgeprägte Geruchswahrnehmung
Zeichnen	Anfertigung perspektivisch exakter Bilder; detailgetreue Repliken

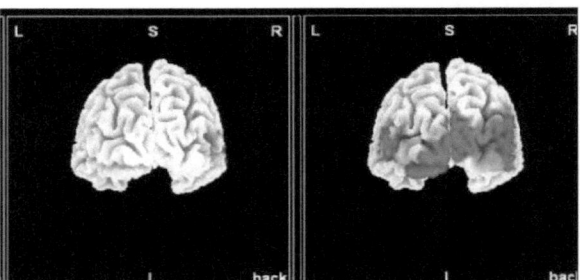

Abbildung 1: MRT-Aufnahmen des Gehirns eines Synästhetikers (rechts) im Vergleich mit dem eines Menschen ohne Synästhesie (links)

http://synaesthesia.com/media/uploads/BeeliBrains.jpg, 25.03.2015

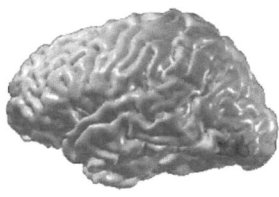

Abbildung 2: Gehirnareal für Verarbeitung von Zeichen (grün) und Areal V4 für Farbsehen und zentrales Sehfeld (rot)

http://synaesthesia.com/media/uploads/
regionLetterColorBrain.jpg, 25.03.2015

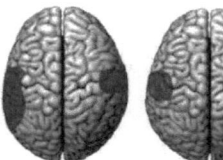

Abbildung 3: Bilder des Gehirns, bei dem die *Planum temporale* blau gekennzeichnet sind. Das linke ist das eines Menschen mit Tonhöhengedächtnis das rechte ist das eines Menschen ohne Tonhöhengedächtnis: Das linke *Planum temporale* des Menschen mit Tonhöhengedächtnis ist vergrößert.

http://www.uzh.ch/news/articles/2003/0788/hirn1.jpg,
25.03.2015

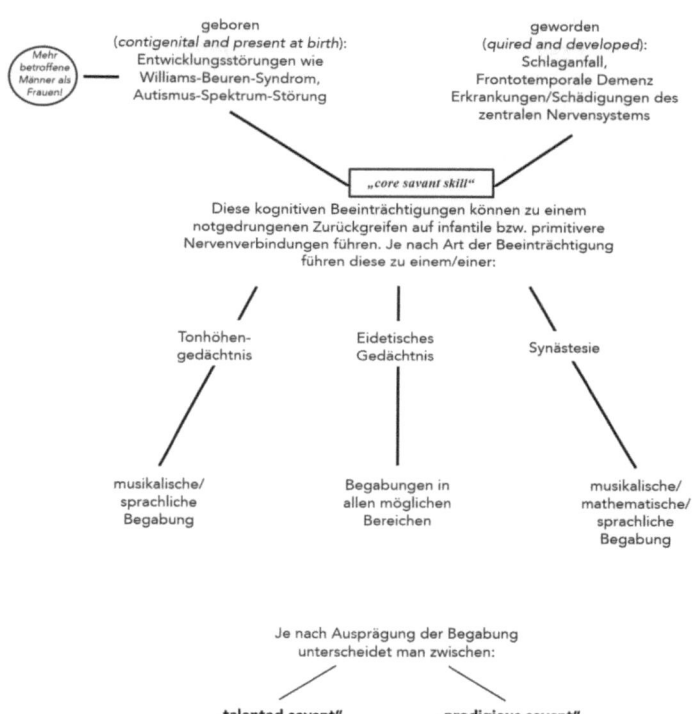

Abbildung 4: Mein eigenes Modell zum Savant-Syndrom.

Anhang

Ich möchte an dieser Stelle das komplexe Thema „Savant-Syndrom" noch weiter ausleuchten.

Angehörige

Die Frage nach den Angehörigen darf bei der Betrachtung des Savant-Syndroms nicht außer Acht gelassen werden. Der Großteil der Savants, vor allem „congenital and present at birth" Savants, sind auf einen Vormund angewiesen bzw. von einem abhängig.

Kim Peek (Kapitel 3.1.2) war beispielsweie sein Leben lang nicht in der Lage, ein eigenständiges Leben ohne seinen Vater Fran Peek zu führen („Mein Vater und ich teilen den gleichen Schatten" [87]). So half sein Vater Peek täglich bei der Körperpflege, beim An- und Auskleiden und begleitete ihn, wo immer er hinging. Fran Peek machte sich die Betreuung seines Sohnes zu seiner Lebensaufgabe: Er gab sein altes Leben auf, um seinem Sohn die volle Entfaltung seiner *skills* zu ermöglichen.[88]

Henning Breuß (Kapitel 3.1.1) und Daniel Tammet (Kapitel 3.2.2) waren verhaltensauffällige Kinder. Die Ehe von Breuß' Eltern zerbrach aufgrund der massiven Belastung und Erziehungsschwierigkeiten, die in Folge seiner Entwicklungsstörungen entstanden. Auch Peeks Eltern trennten sich, da Peeks Mutter mit der Situation um ihren Sohn nicht zurechtkam.

Die Stärke von Fran Peek, Breuß' Mutter und Tammets Eltern ist unbeschreiblich groß, denn trotz der negativen Entwicklungsprognosen ihrer Kinder haben diese Eltern die Kraft aufbringen können – bzw. die nötigen Krisenverarbeitungsstadien durchlaufen – um ihr Kind auf ihrem Lebensweg zu begleiten und zu fördern.

Dazu gehörten die Einsicht der Andersartigkeit ihres Kindes und in die Tatsache, dass es wahrscheinlich niemals in der Lage sein wird, ein eigenständiges Leben zu führen sowie das Ausrichten ihren gesamtes Lebens auf ihr Kind, um diesem das bestmögliche Leben zu bieten.

Dass die *savant skills* ihrer Kinder Hoffnung diesen Eltern machen und sie auch stolz machen, ist eine Sache. Für viele betroffene Eltern ist ein krankes Kind ein Schicksalsschlag, dem Depressionen entspringen können. Deshalb geben einige Betroffene ihr Kind in Einrichtungen, in denen durch professionelle Betreuung und Unterstützung die Pflege ihres Kindes gewährleistet wird. Zu dieser auch verantwortungsbewussten Entscheidung gehört das Eingeständnis, die Betreuung des eigenen Kindes nicht selbst bewältigen zu können. Auch dies sind anzuerkennende Charaktersstärken betroffener Eltern.

---

[87] Vgl. Treffert, Darold A.: Kim Peek – The Real Rain Man
https://www.wisconsinmedicalsociety.org/professional/savant-syndrome/profiles-and-videos/profiles/kim-peek-the-real-rain-man/ (Stand:05.12.2014).
[88] Vgl. Treffert, Darold A.: Kim Peek – The Real Rain Man
https://www.wisconsinmedicalsociety.org/professional/savant-syndrome/profiles-and-videos/profiles/kim-peek-the-real-rain-man/ (Stand:05.12.2014).

Was können wir uns von Savants abschauen?

Im Folgenden möchte ich beschreiben, wie ein nicht vom Savant-Syndrom betroffener Mensch aufgrund der Erkenntnisse über die Wahrnehmung von Savants Methodiken entwickelt hat, seine eigenen Fähigkeiten zu verbessern.

Nicol Jahns ist professioneller Gedächtnistrainer. In Workshops vermittelt er sowohl Erwachsenen als auch Schülern die Techniken, sich episodisches Wissen besser einzuprägen. Hierfür verwendet er unter anderem eine Methode, in der er versucht, Synästhesien bei Nicht-Synästhetikern künstlich zu verursachen.

Dafür hat er ein grafisch-logisches Erinnerungssystem entwickelt: Das System beruht auf der Zuordnung von Buchstaben des Alphabets zu Symbolen. Von 24 verschiedene Karten, auf denen sich jeweils 24 Symbole zu jeweils einem Themenbereich befinden, hat jede Karte ein anderes Thema. Die 24 Symbole auf jeder Karte sind diesem Thema untergeordnete Bildzeichen, die sich auch in alphabetischer Reihenfolge auf den Karten gliedern. Um sich nun Wissen über Fakten zu einem bestimmten Thema einzuprägen, sucht man sich eine der thematischen Karten aus und denkt sich zu jedem Fakt eine absurde Geschichte aus, verbunden mit dem ersten Symbol auf der Karte. Insgesamt stehen 576 Grafiken zur Verfügung.

Ein Beispiel: Ich habe die zweite der 24 Karten ausgewählt. Das Thema der Karte ist „Bauernhof"; das erste Symbol ist ein Apfel. Ich will mir mithilfe dieser Karte die Mitgliedsstaaten der EU in Beitrittsreihenfolge einprägen. Das erste Land ist Belgien. „Belgien" verbinde ich mit „Apfel" so: „Belgien ist bekannt für seine Waffeln und ich esse gerne Waffeln mit Äpfeln." Nach einigen Wiederholungen mit den weiteren Ländern und Symbolen dieser Karte sind mir diese Assoziationsketten fest eingeprägt. Zwar arbeitet man hier mit Assoziationen statt mit echten „Mitwahrnehmungen", doch kann man diese Methode meiner Meinung nach dennoch als künstliche Synästhesie bezeichnen.

Nicol Jahns hat sich den Eigenanspruch gestellt, diese effektiven Techniken an möglichst viele Menschen weiterzugeben, damit diese die anspruchsvollen Lerninhalte der karrierefokussierten Gesellschaft in kürzerer Zeit und mit bedeutend mehr Freude bewältigen.[89] Ich erlebte in einem seiner Workshops selbst, wie verblüffend leicht es ist, umfassendes Wissen aufzunehmen.

---

[89] Auszug aus persönlichem Gespräch mit der Autorin.